时装画手绘
快速表现技法

视频微课版

陆 敏 著

東華大學 出版社 · 上海

图书在版编目（CIP）数据

时装画手绘快速表现技法：视频微课版 / 陆敏著. — 上海：东华大学出版社, 2022.8

ISBN 978-7-5669-2066-9

Ⅰ. ①时… Ⅱ. ①陆… Ⅲ. ①时装－绘画技法 Ⅳ. ①TS941.28

中国版本图书馆CIP数据核字(2022)第086232号

责任编辑：徐 建 红

书籍设计：东华时尚

出　　版：东华大学出版社（地址：上海市延安西路1882号　邮编：200051）

本社网址：dhupress.dhu.edu.cn

天猫旗舰店：http://dhdx.tmall.com

销售中心：021-62193056 62373056 62379558

印　　刷：上海盛通时代印刷有限公司

开　　本：889mm×1194mm 1/16

印　　张：9

字　　数：310千字

版　　次：2022年8月第1版

印　　次：2022年8月第1次

书　　号：ISBN 978-7-5669-2066-9

定　　价：198.00元

扫码看全书视频

目 录

说 明

本书配套有 400 个短视频，视频总计时长约 1200 分钟。视频微课根据本书内容全新录制而成，为丰富教学内容，视频所选案例图片有别于纸书上的案例，并且案例更丰富多样，其绘制方法和技巧与纸书一致。

本书配套的视频微课教学体系完整，读者可以通过观看视频微课进行系统学习。读者购买本书后，请及时获取免费观看视频微课的兑换码。视频微课兑换成功后，扫书中二维码可免费观看全书视频。

视频微课兑换码获取步骤：

第 1 步，扫码关注东华时尚公众号；

第 2 步，发送书名和购买凭证至公众号后台；

第 3 步，获取兑换码后，扫码输入兑换码。

若有任何问题，可以在东华时尚公众号后台咨询。

东华时尚公众号

扫以上二维码，输入兑换码

扫码看视频

第一章
人体的画法

一、人体各部位的定位

扫码看视频

在头顶和脚踝之间，依次分出 8 个头位。

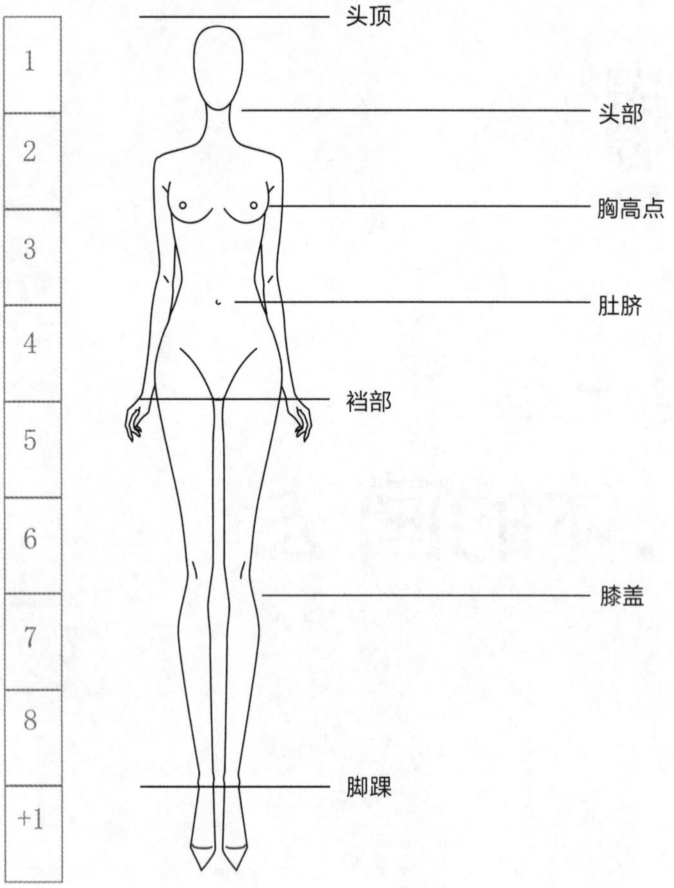

1. 头位定位

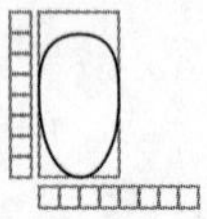

将头长 8 等分，脸部宽为 4 份，顶部留出 1 份为头发

2. 上身框架定位

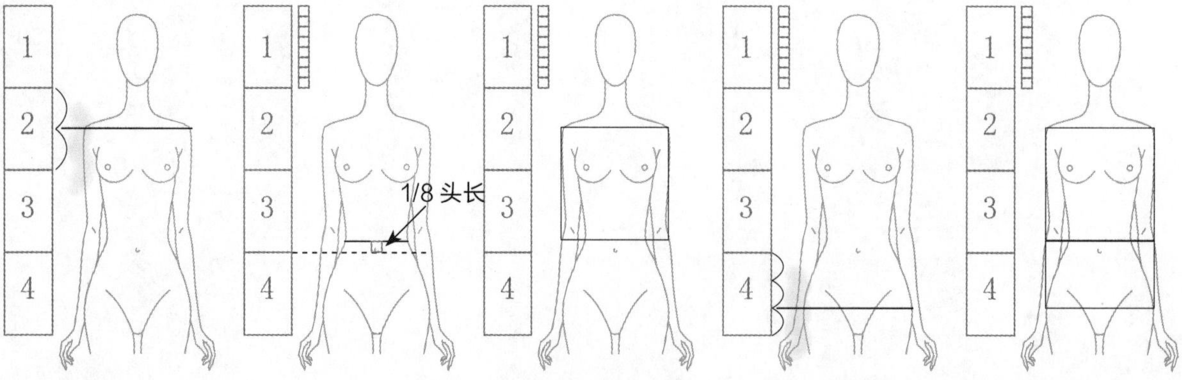

肩线定位　　腰线定位　　肩宽等于肩线至腰线的距离　　臀围线定位　　臀宽等于肩宽

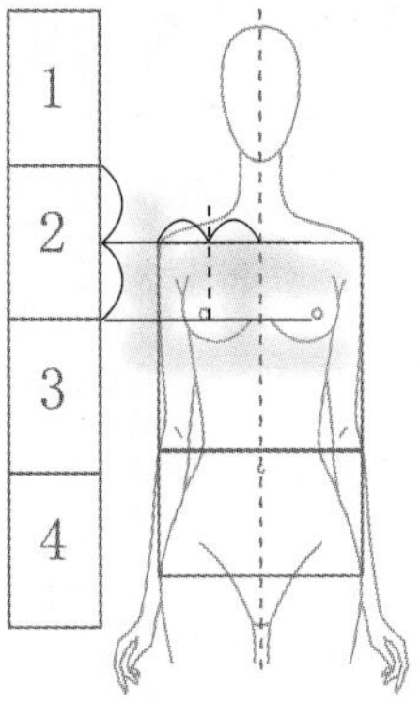

胸高点定位

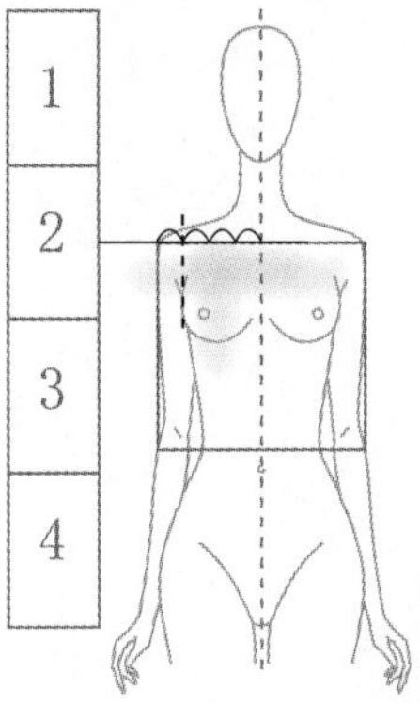

胸宽等于 3/4 肩宽，
手臂宽度等于 1/4 肩宽

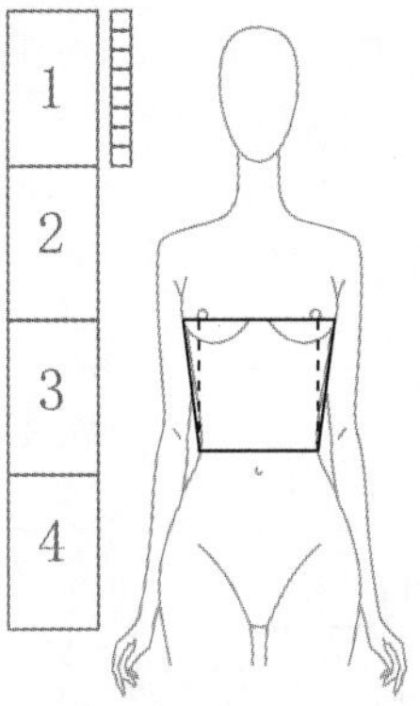

腰宽等于左右胸高点
间距

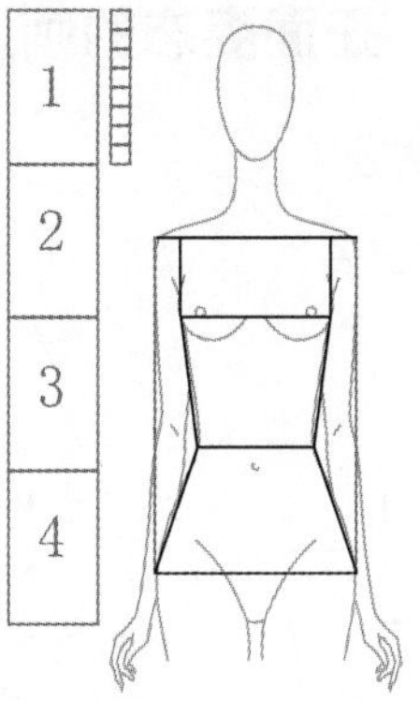

臀宽等于肩宽

3. 手臂定位

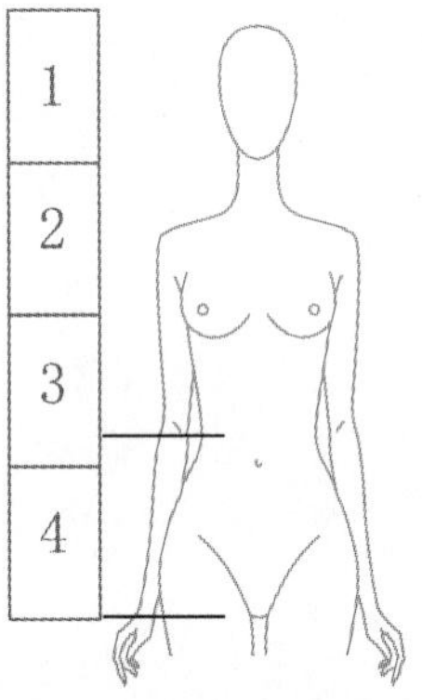

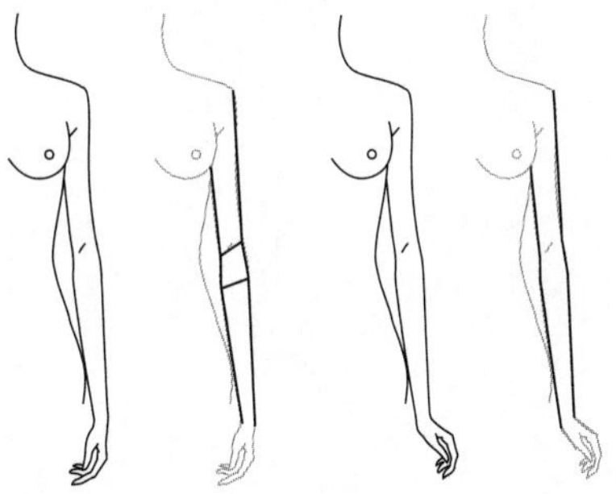

肘部同腰线平齐，手腕同裆部平齐

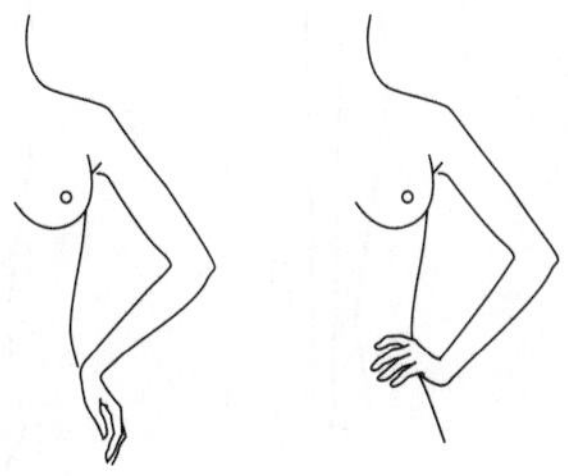

叉腰时，肘部抬高

4. 腿部架构

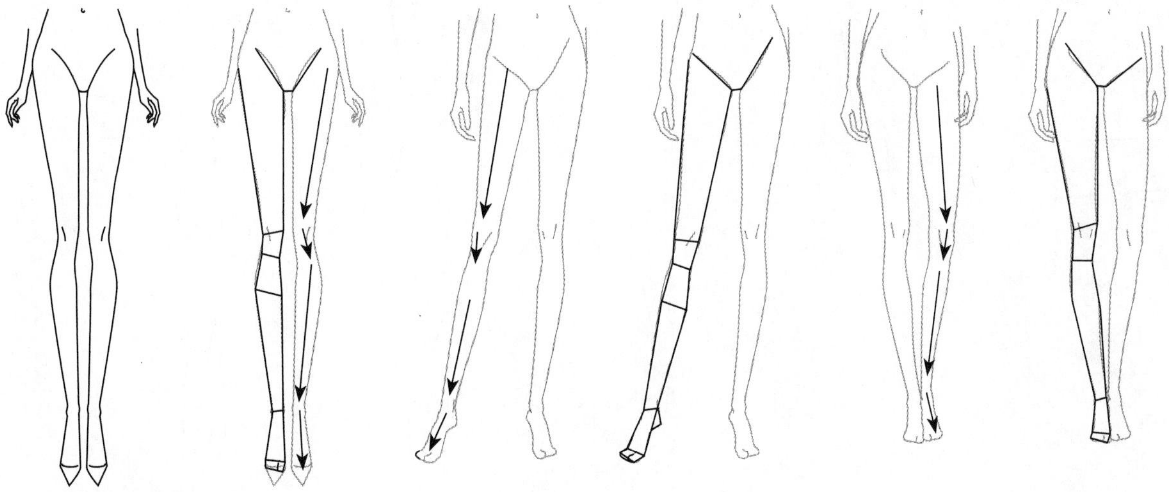

把握方向变化

二、 正面姿态的画法

1. 站姿

（1）正姿

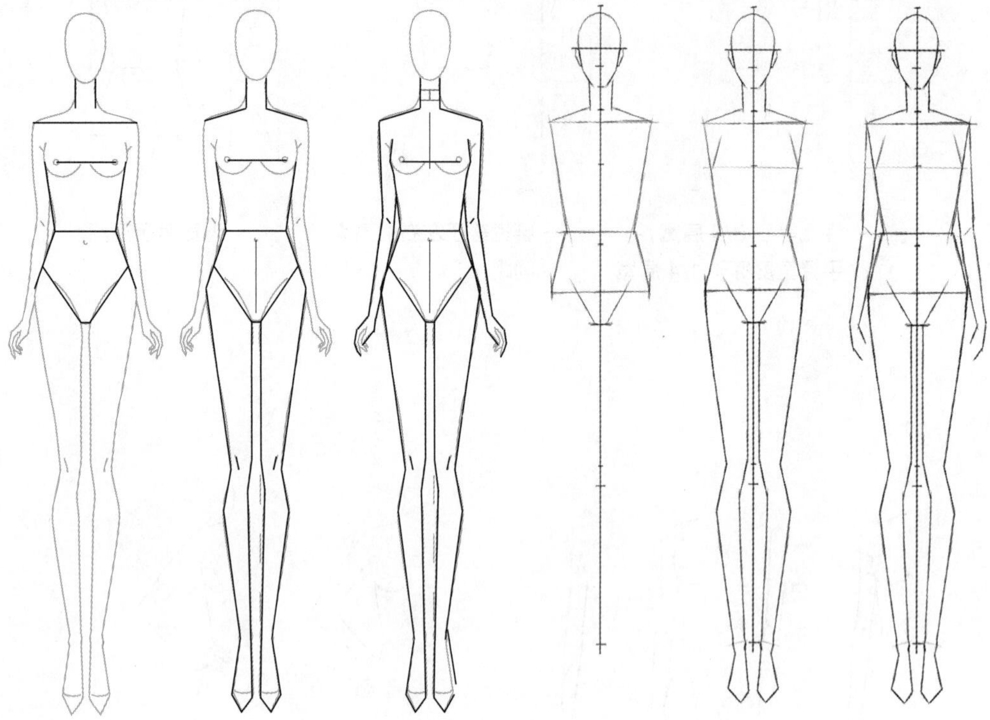

用直线定位框架

（2）斜姿

扫码看视频

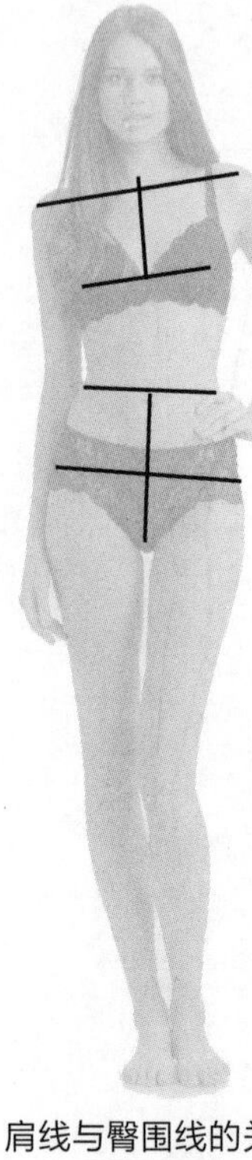

肩线与臀围线的关系

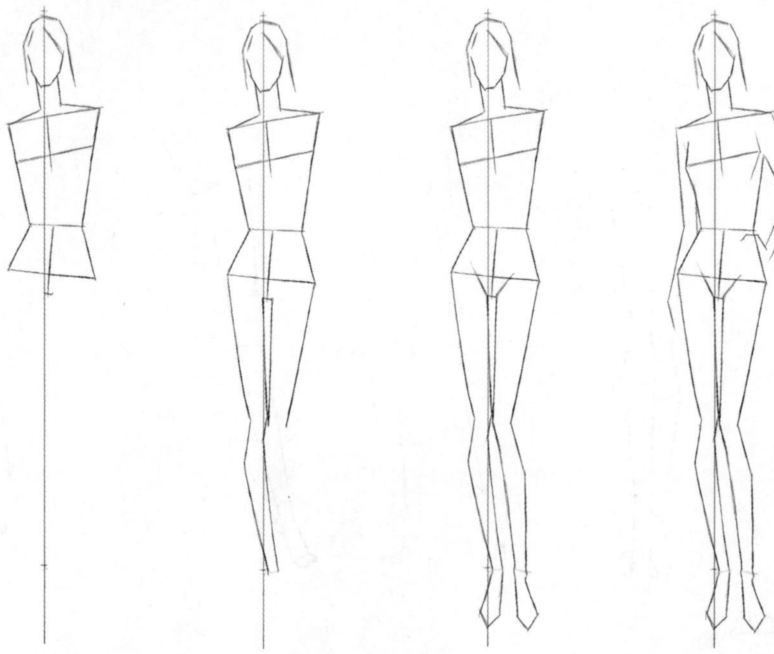

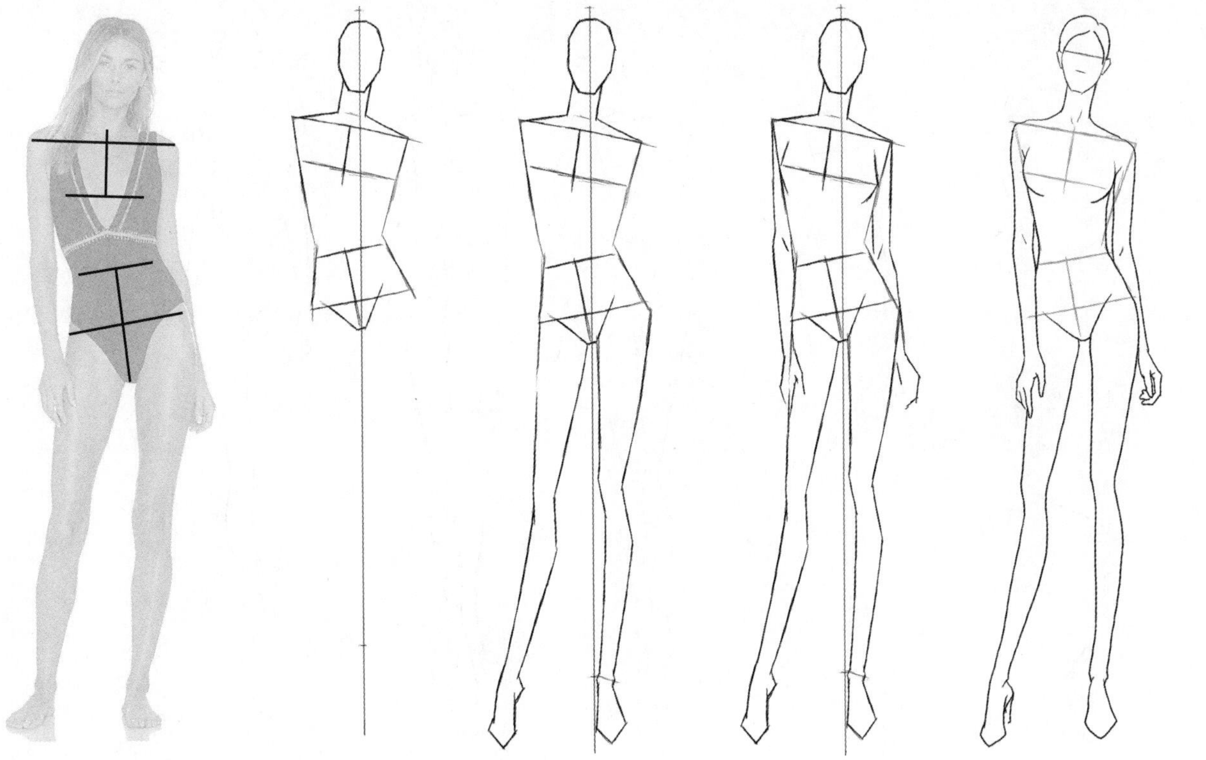

脚伸展出去时的臀围线与腰围线

2. 走姿

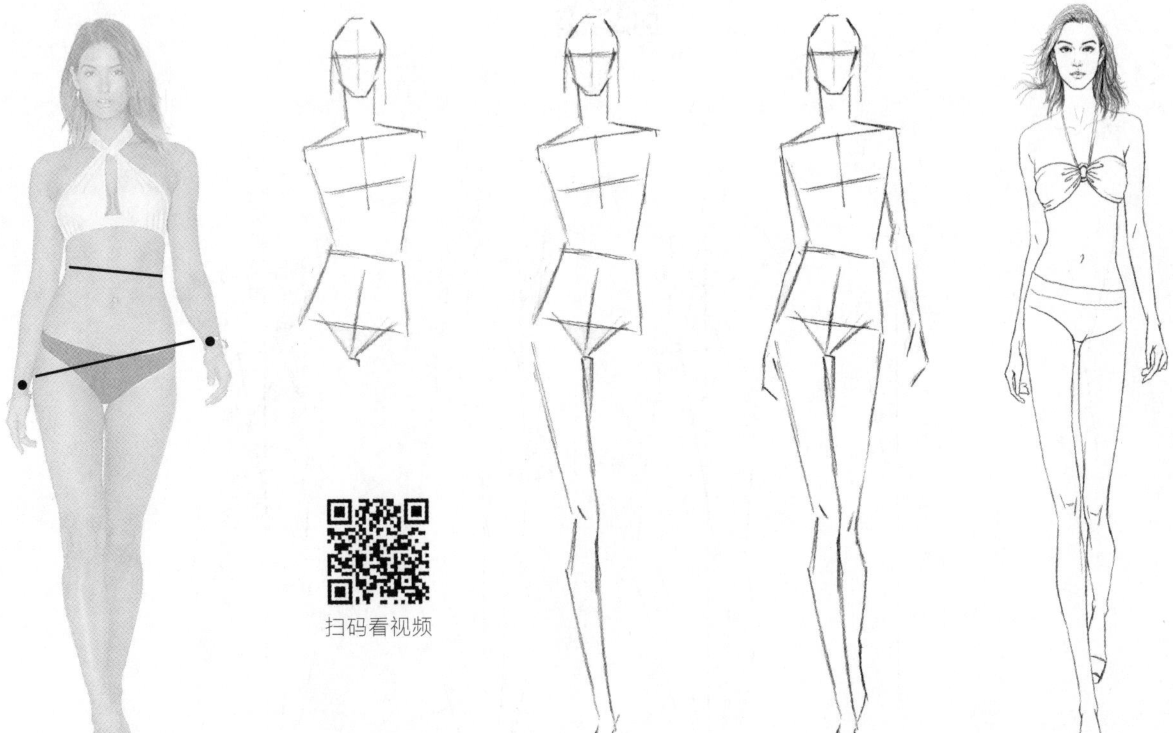

扫码看视频

腰线和两手腕连线

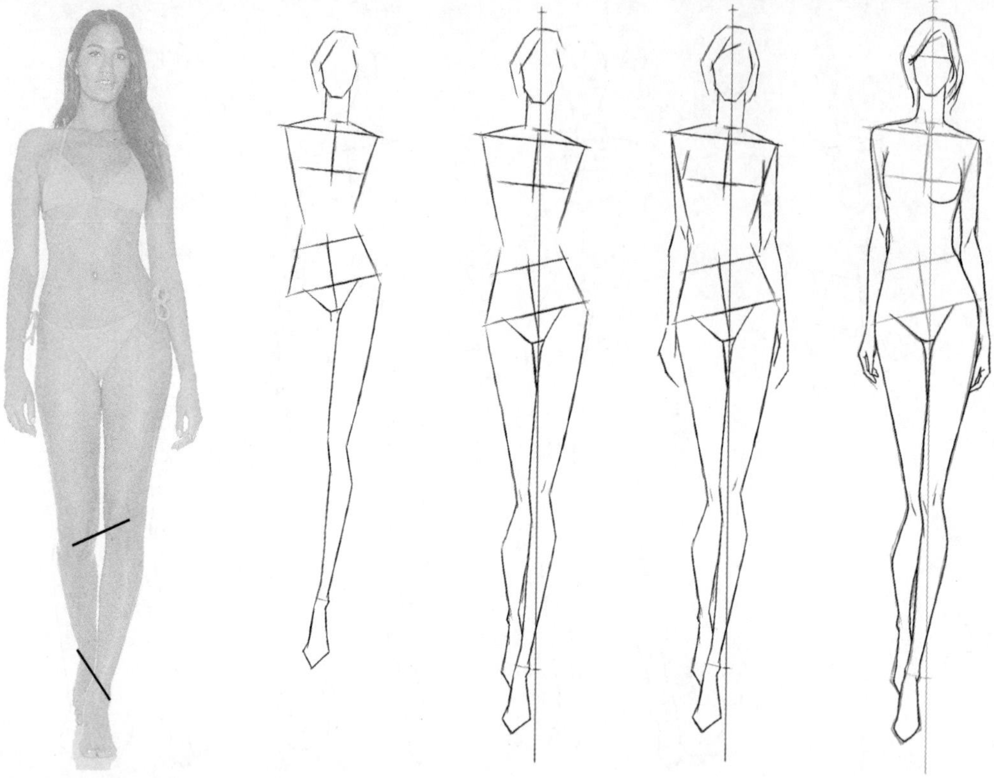

两膝盖连线和脚踝连线

二、侧身姿态的画法

扫码看视频

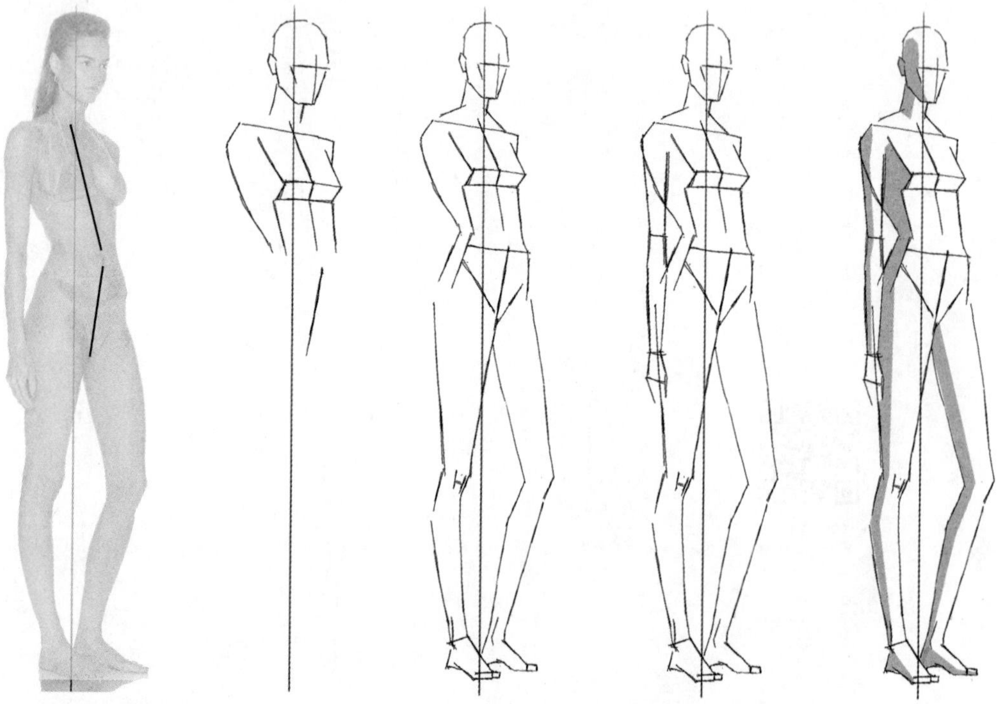

侧姿时垂直线与中心线的角度

四、头部的画法

扫码看视频

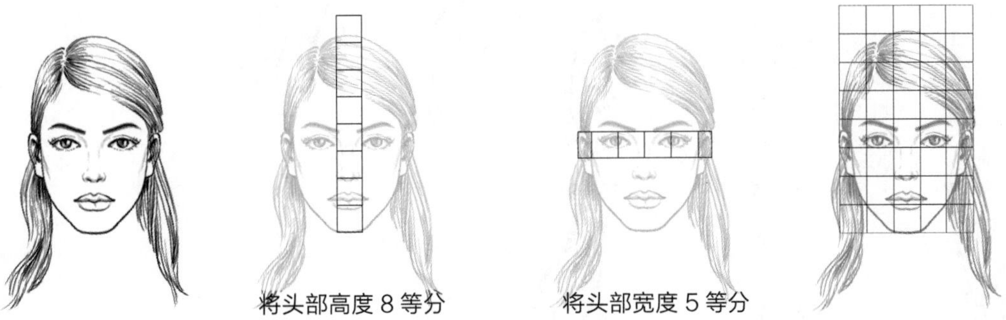

将头部高度 8 等分　　将头部宽度 5 等分

1. 脸正面定位步骤

2. 脸侧面定位步骤

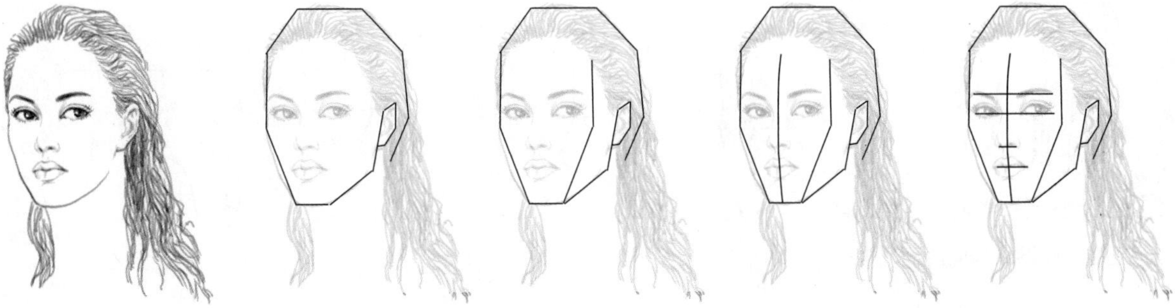

3. 头发的画法

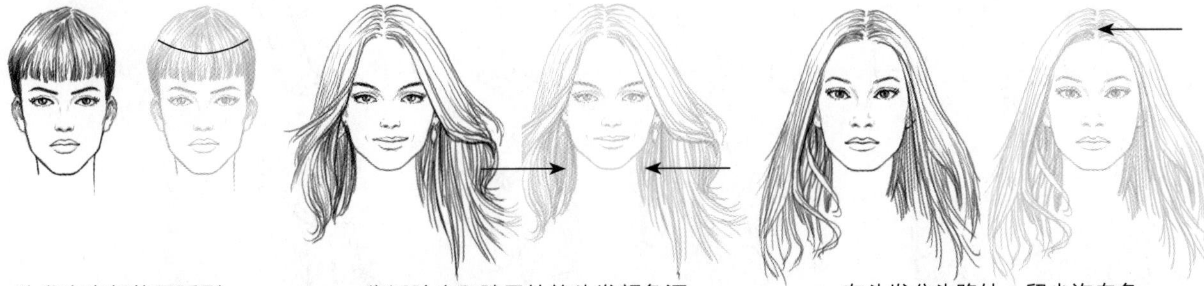

头发高光部位呈弧形　　靠近脸庞和脖子处的头发颜色深　　在头发分头路处，留少许白色

五、手的画法

扫码看视频

手的绘制步骤

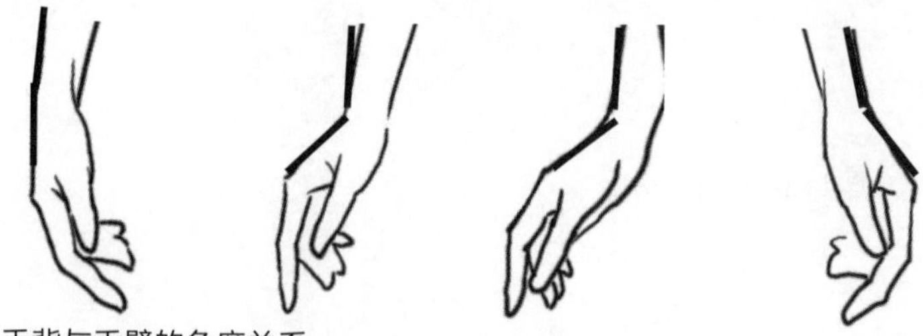

手背与手臂的角度关系

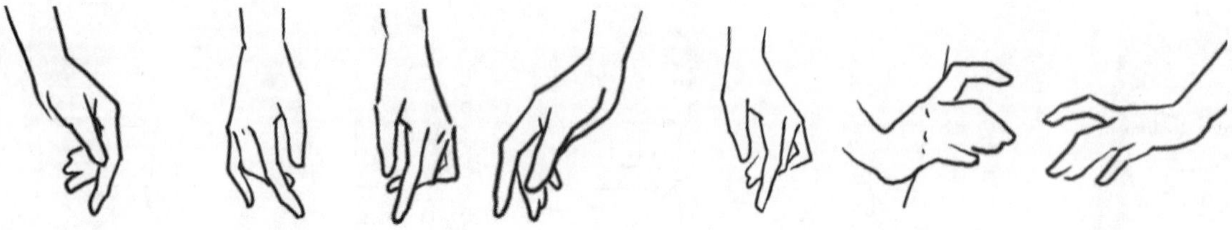

手的各种姿态

六、脚的画法

扫码看视频

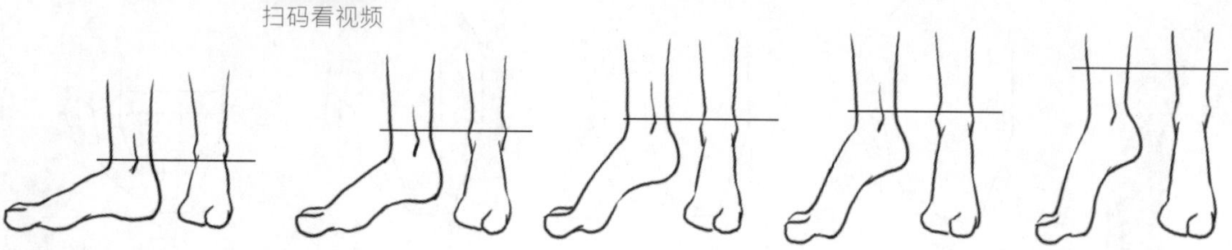

鞋跟越高，脚踝离地面距离越大

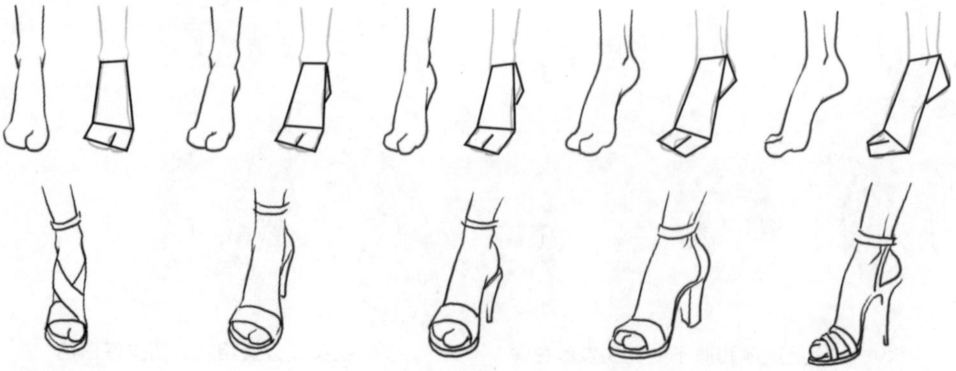

脚跟与脚背的关系

第二章

着装动态的画法

一、上装动态的画法

1. 站姿时宽松上装胸部褶皱的画法

扫码看视频

褶皱线类似“八”的行楷字体，且头部带弯勾

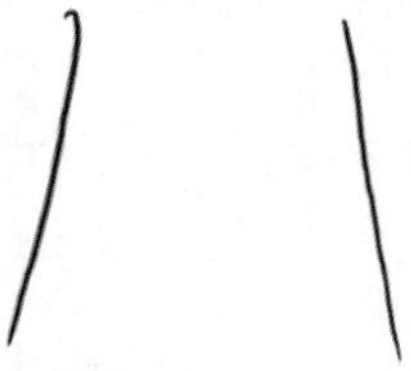

褶皱线画在胸高点的下面

2. 站姿时弹力面料紧身上装胸部褶皱的画法

扫码看视频

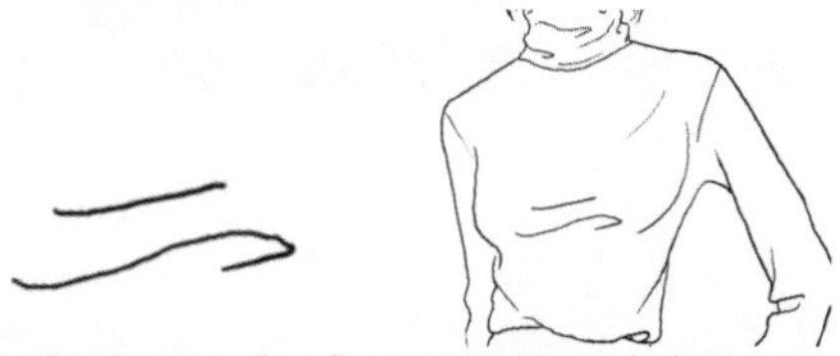

褶皱线类似“二”字的行楷书法字体，画在胸高点的下面

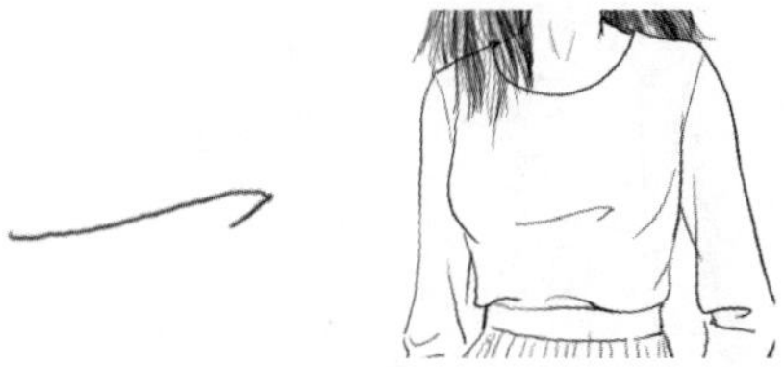

褶皱线类似“一”字的行楷书法字体，画在胸高点的下面

扫码看视频

3. 走姿时上装褶皱的画法

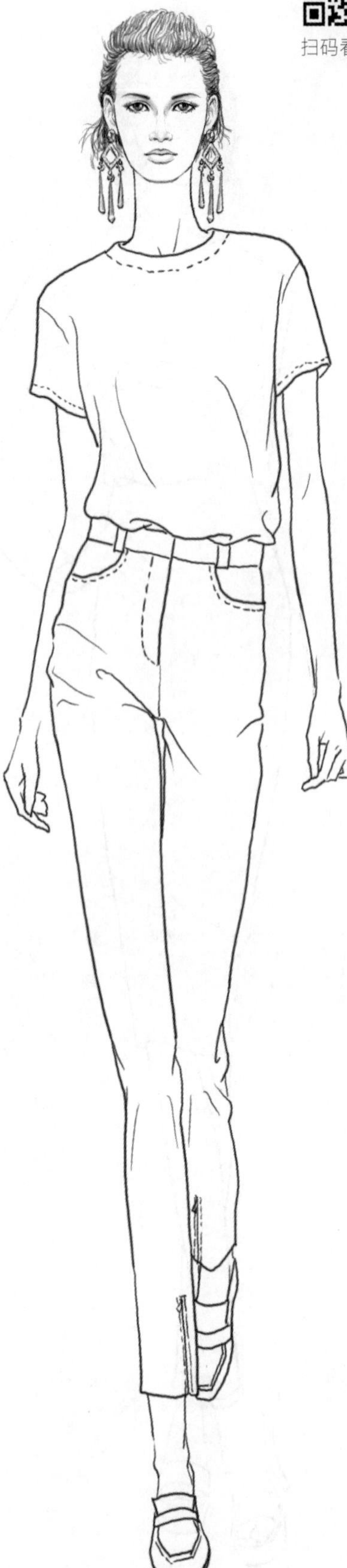

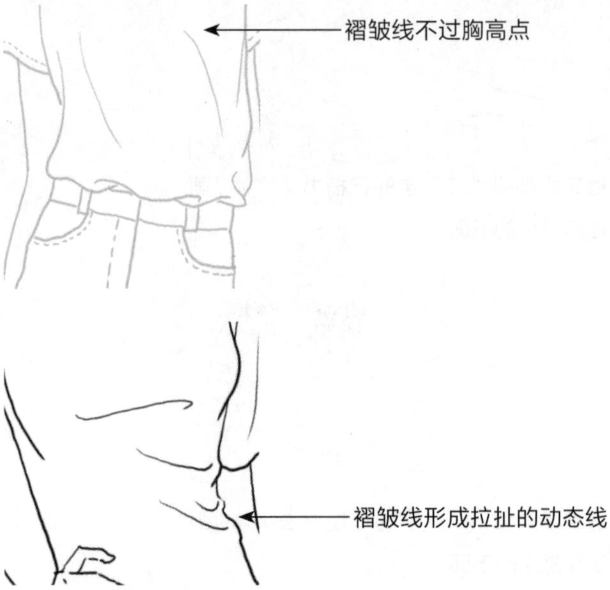

二、下装动态的画法

扫码看视频

1. 站姿时裙子褶皱的画法

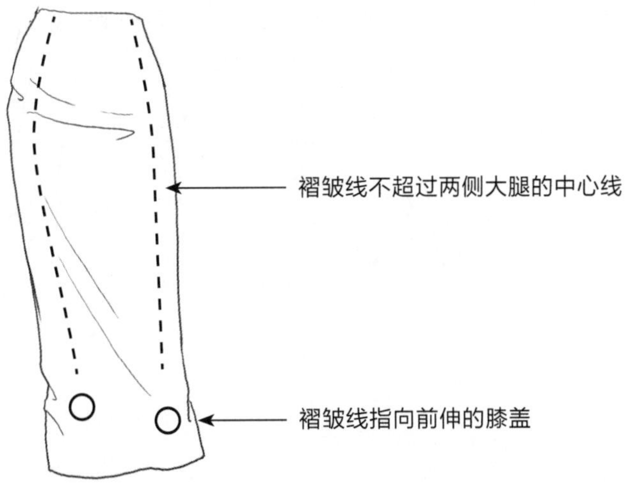
褶皱线不超过两侧大腿的中心线
褶皱线指向前伸的膝盖

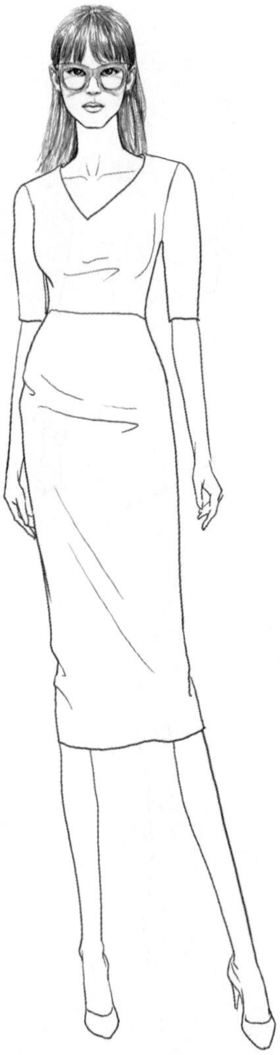

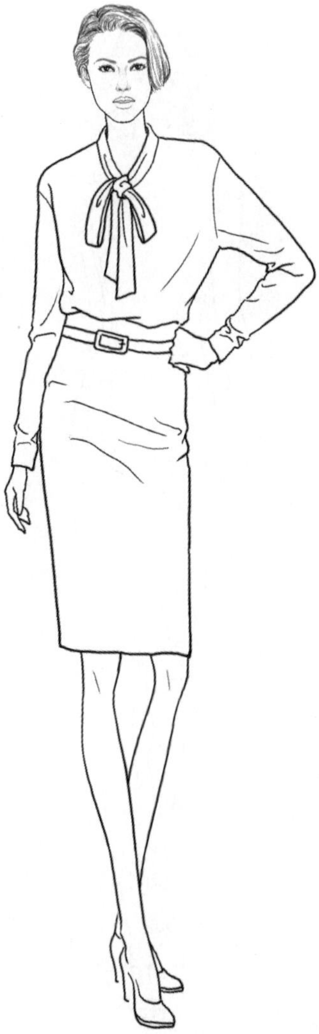

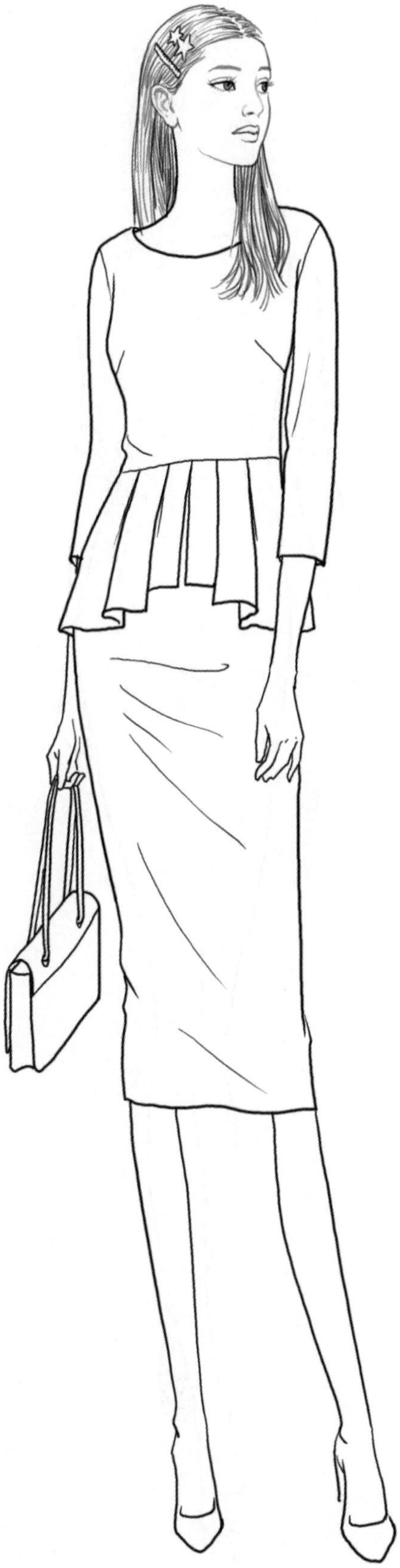

2. 走姿时裙子褶皱的画法

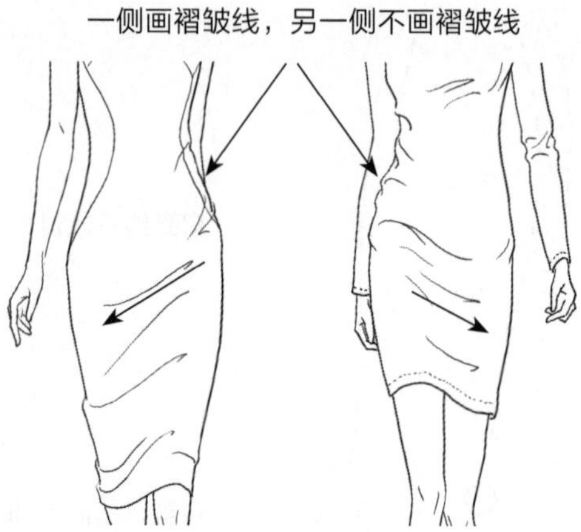

3. 裙子膝盖处褶皱的画法

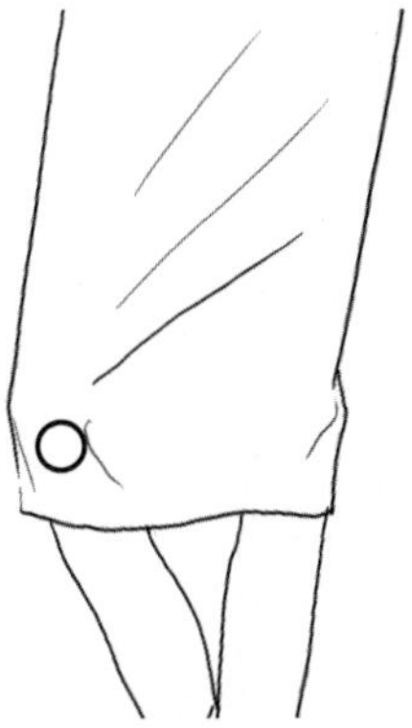

褶皱动态线不过膝盖

褶皱动态线指向膝盖

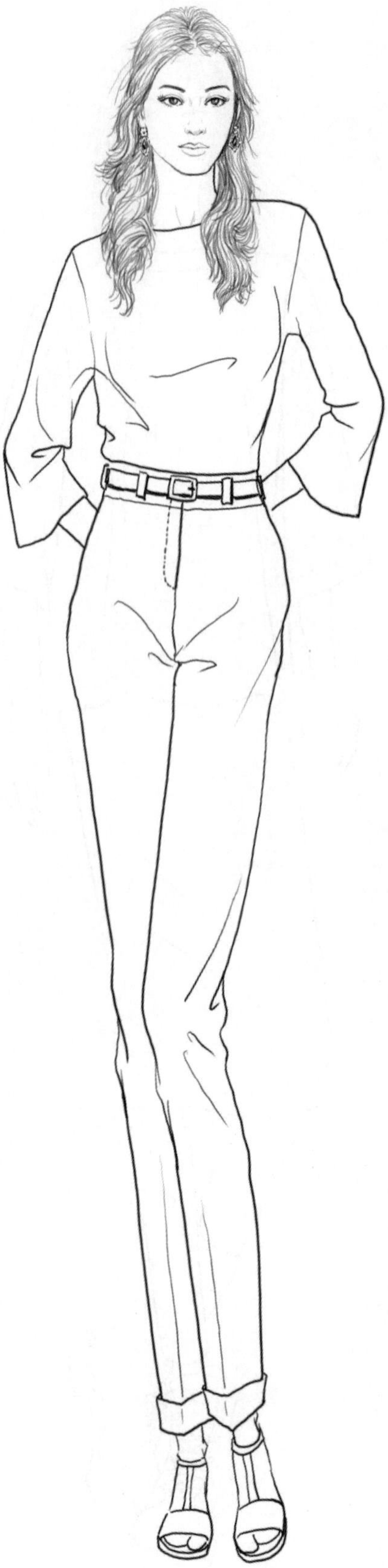

4. 裤子膝盖处褶皱的画法

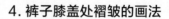

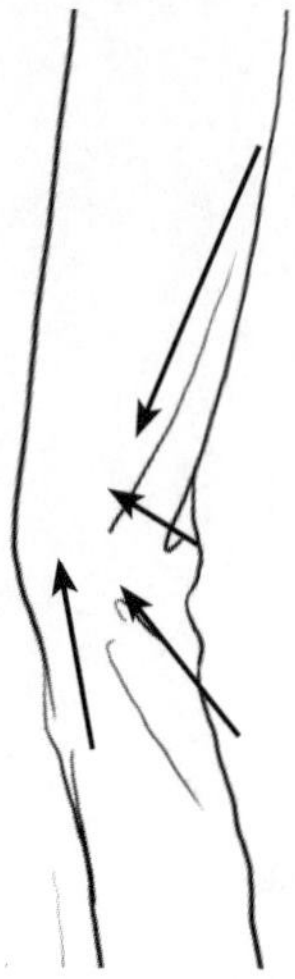

5. 站姿时裤子裆部褶皱的画法

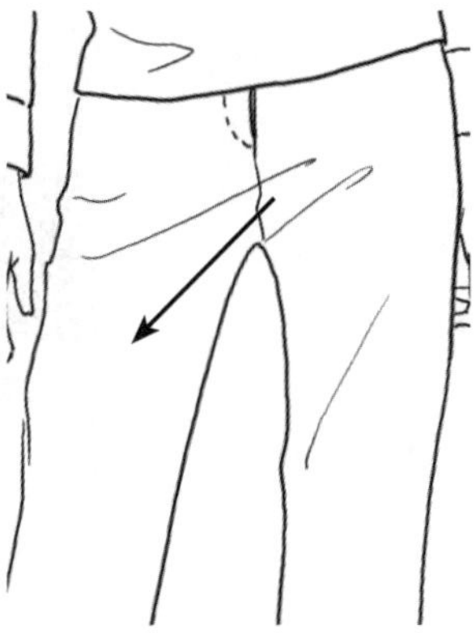

斜姿时，裆部的动态发射线指向
伸出去的腿

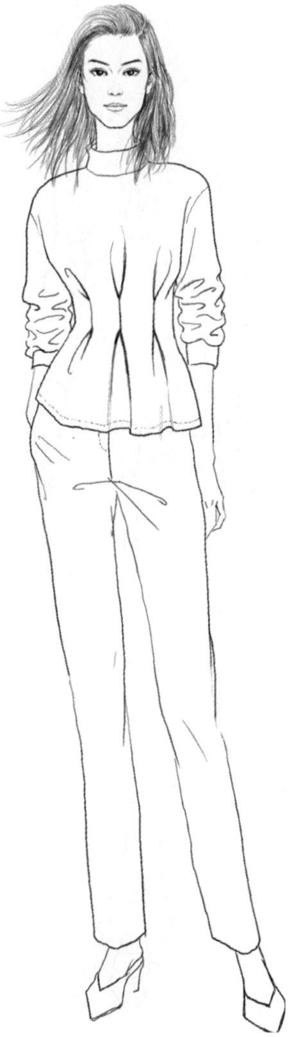

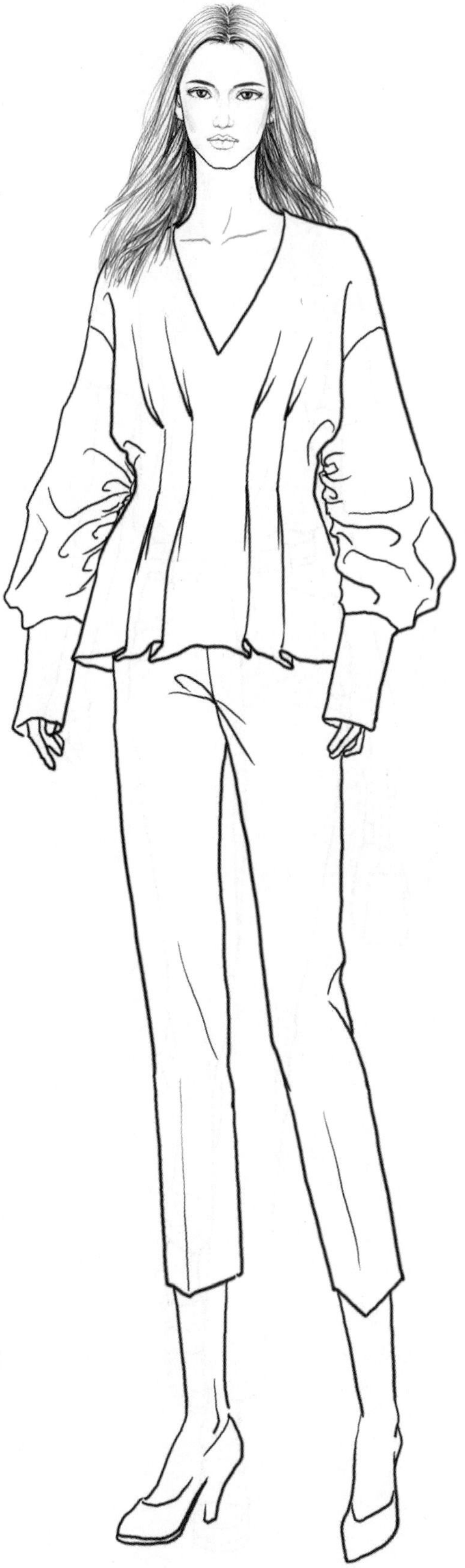

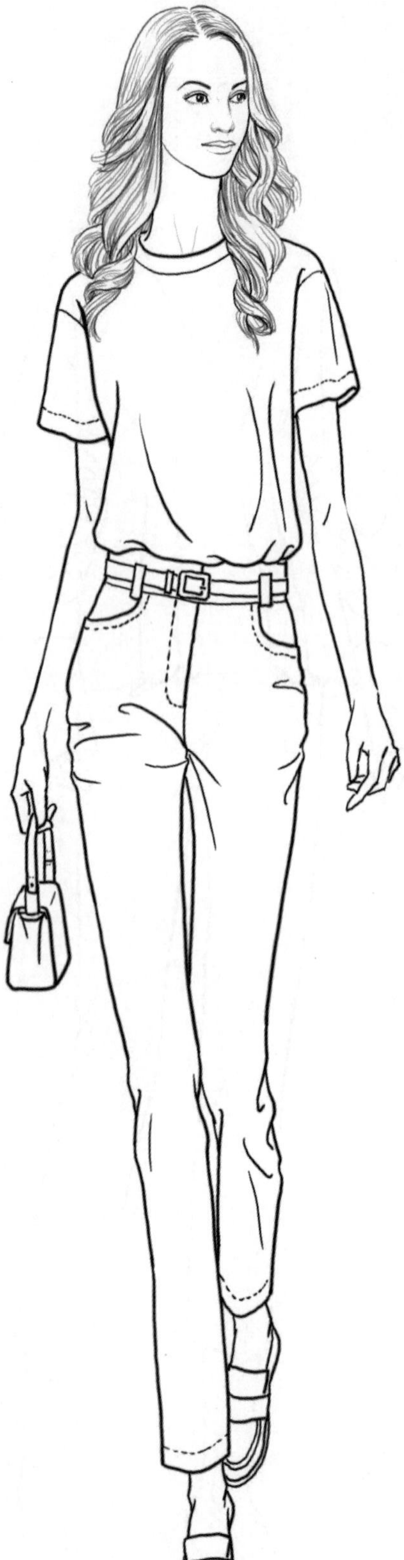

走姿时，裆部的动态发射线指向后举的腿

扫码看视频

6. 肘部褶皱的画法

扫码看视频

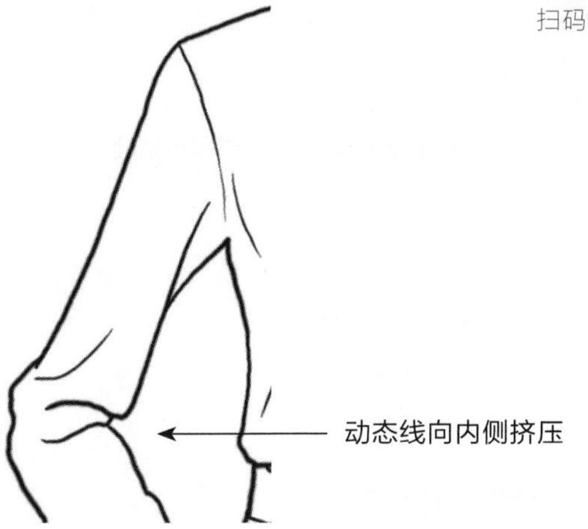

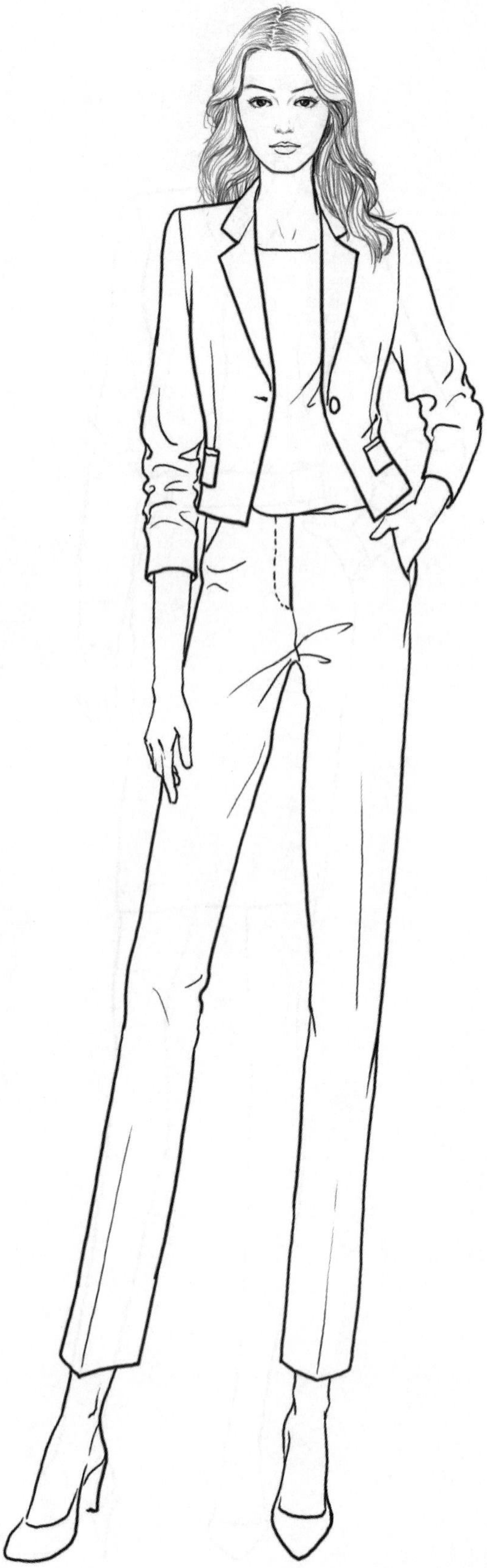

7. 挤压褶皱的画法

扫码看视频

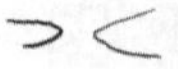

画左右弧线，呈 X 形

在 X 形的上下画弧线，形成褶皱组合

重复用这种褶皱组合

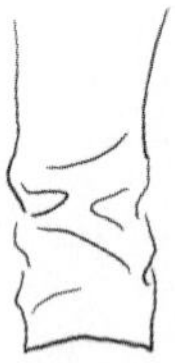

不同褶皱的组合表现

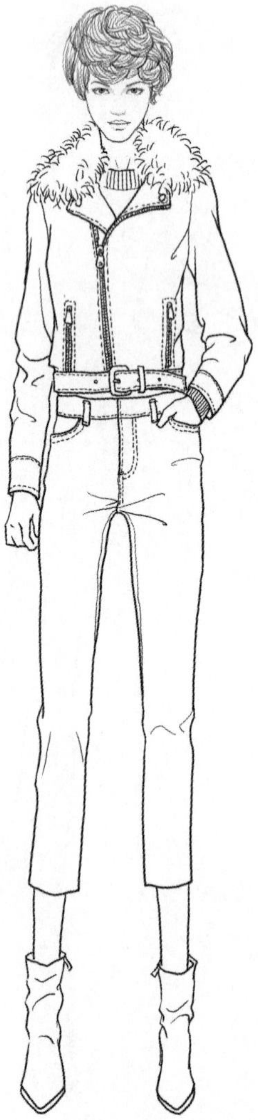

裤口的挤压褶皱线

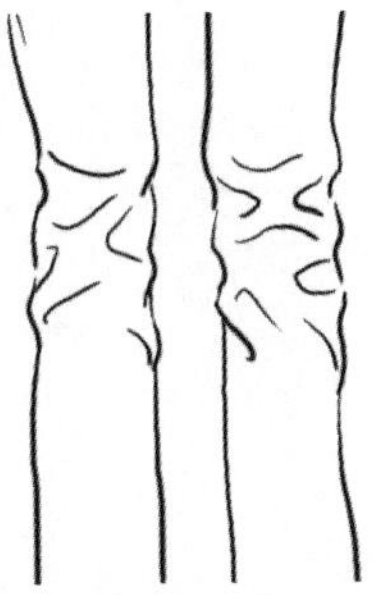

膝盖的挤压褶皱线

扫码看视频

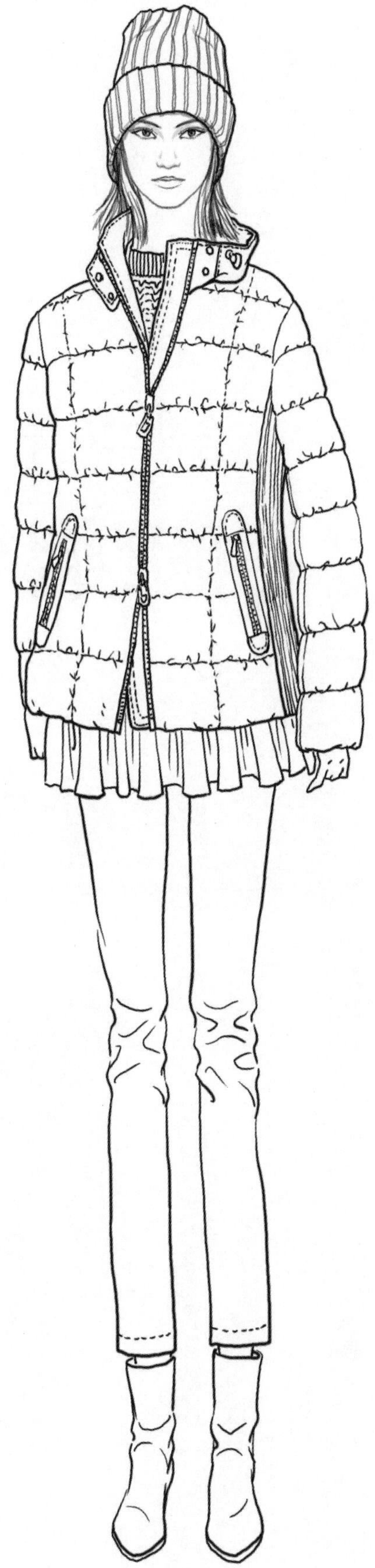

第三章
服装装饰细节的画法

一、省道的画法

扫码看视频

1. 胸省的画法

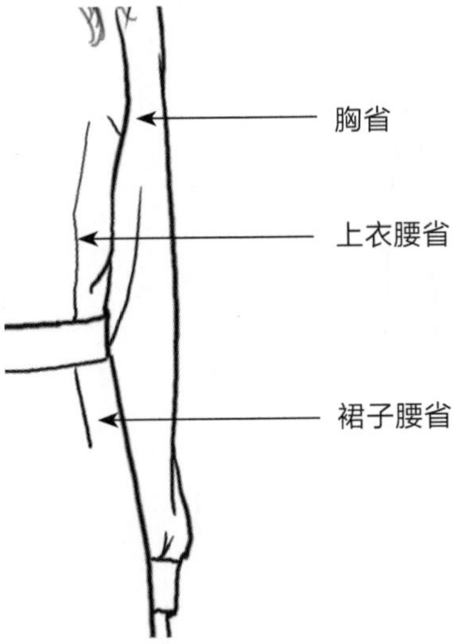

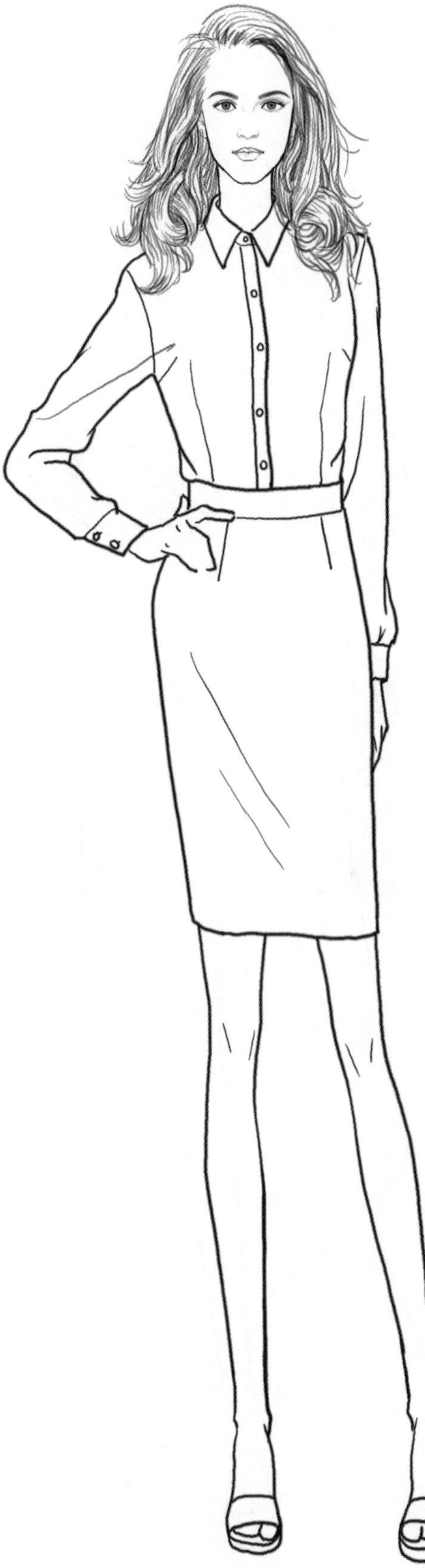

2. 领圈省道的画法

3. 袖子省道的画法

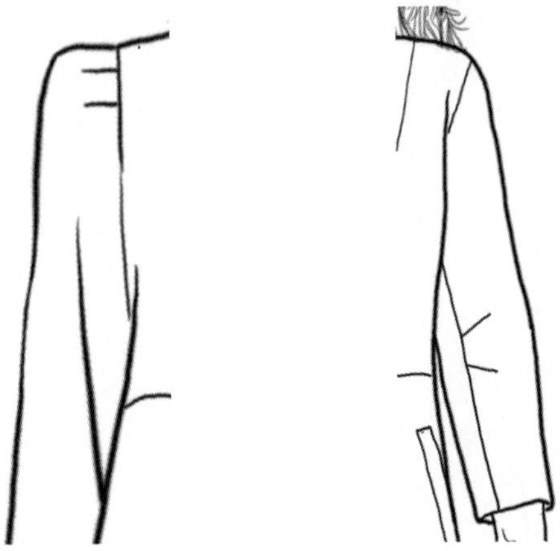

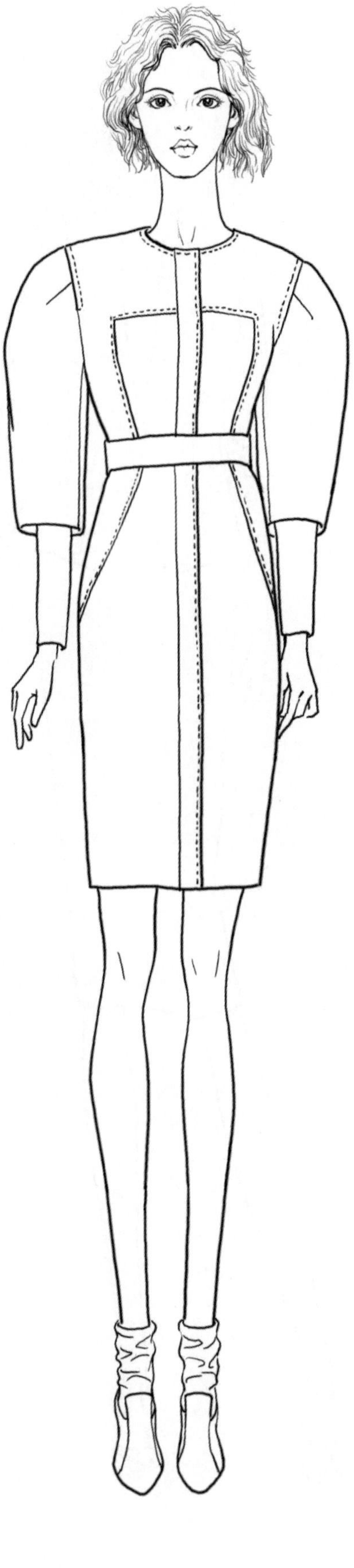

二、分割线的画法

扫码看视频

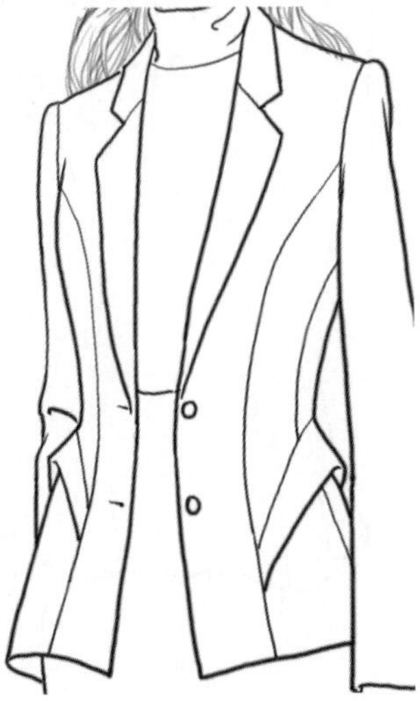

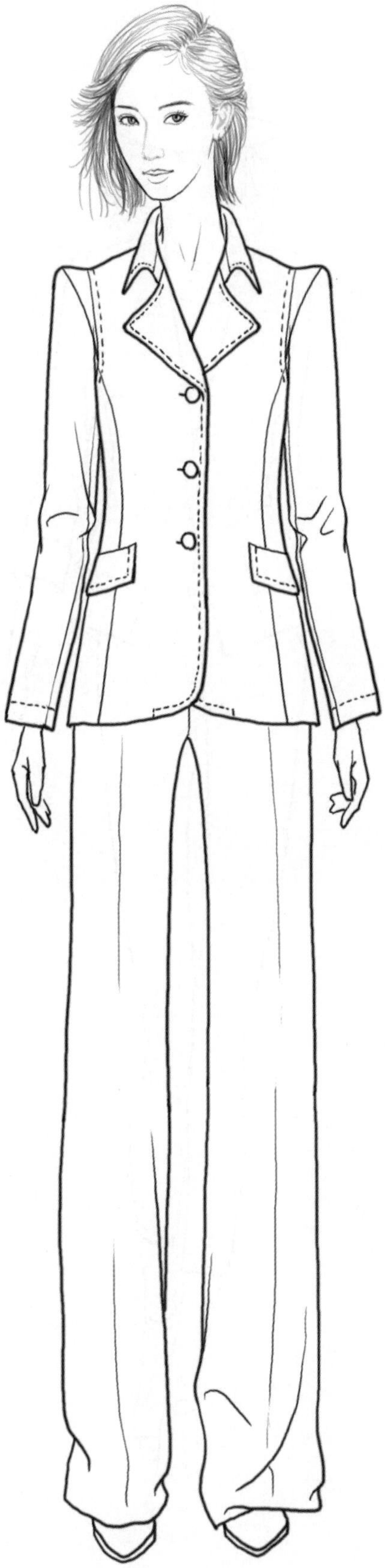

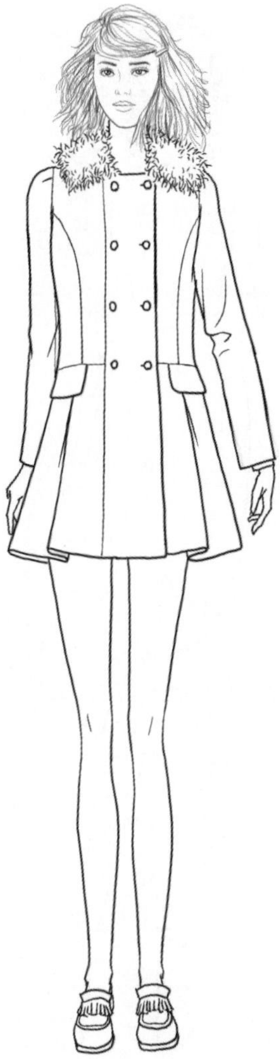

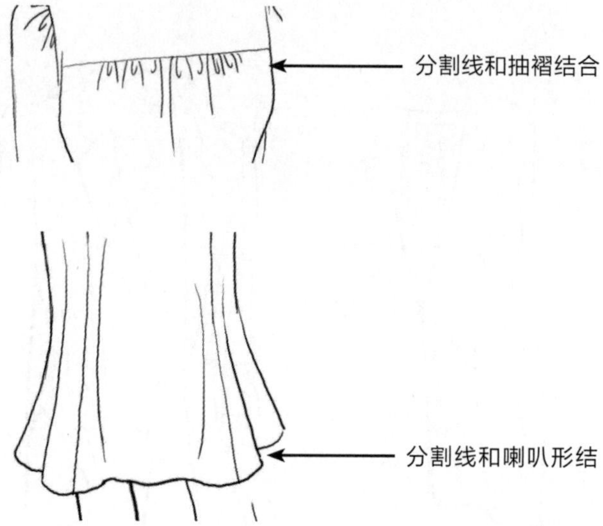
分割线和抽褶结合
分割线和喇叭形结

三、抽褶的画法

扫码看视频

形如字母 M，中间一定要画圆勾，两侧的八字撇不要一样长

八字撇要有长长短短，才会看上去自然

圆勾都一样长，看上去呆板

圆勾变成尖勾，面料看起来没有柔顺感

圆勾与八字撇不能脱离连接处

1. 抽褶的画法

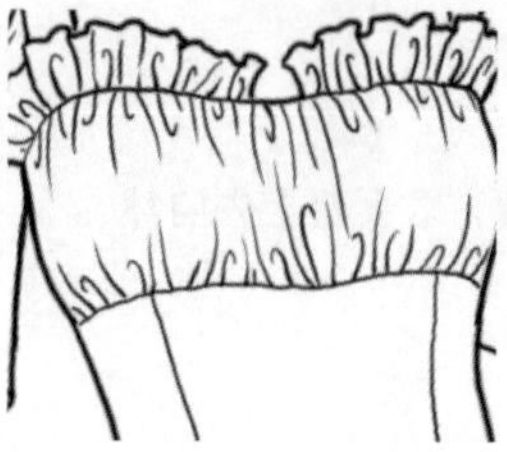

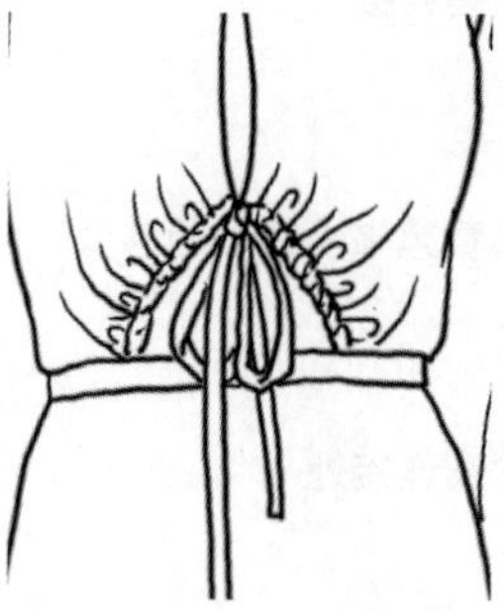

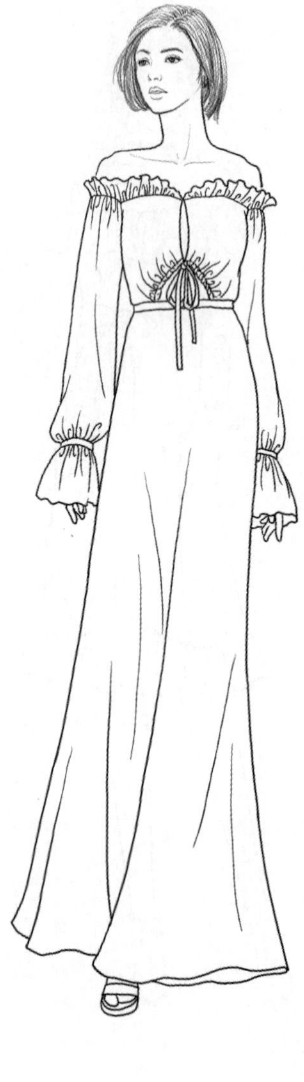

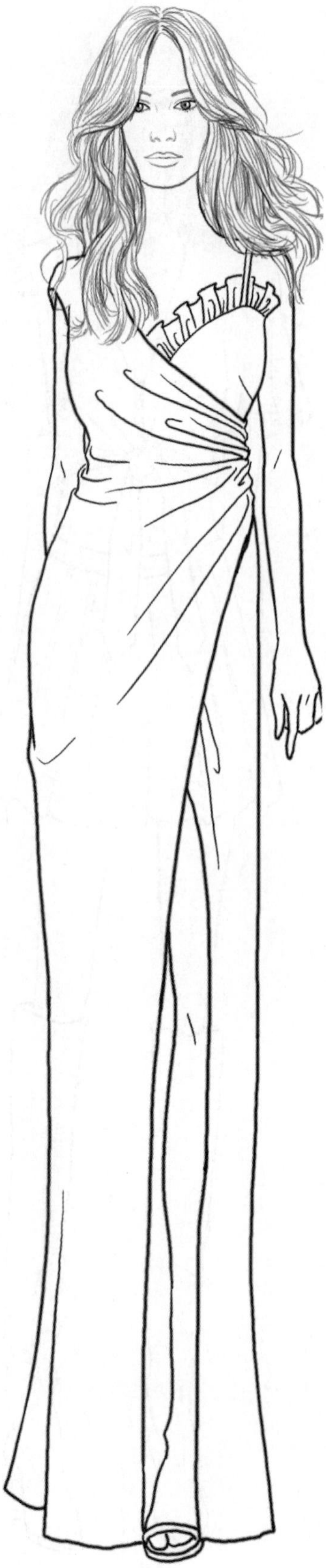

2. 抽褶边缘的画法

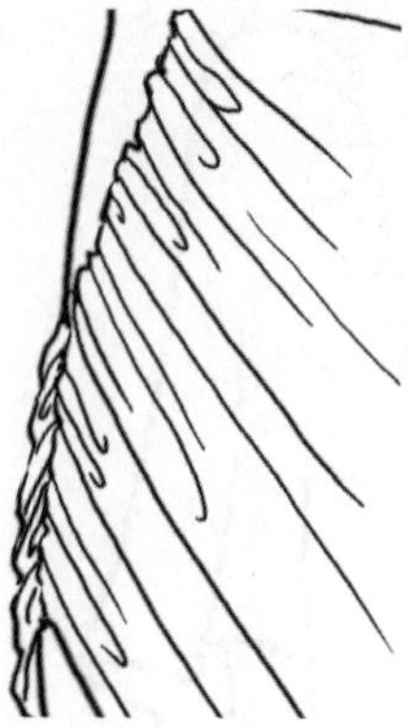

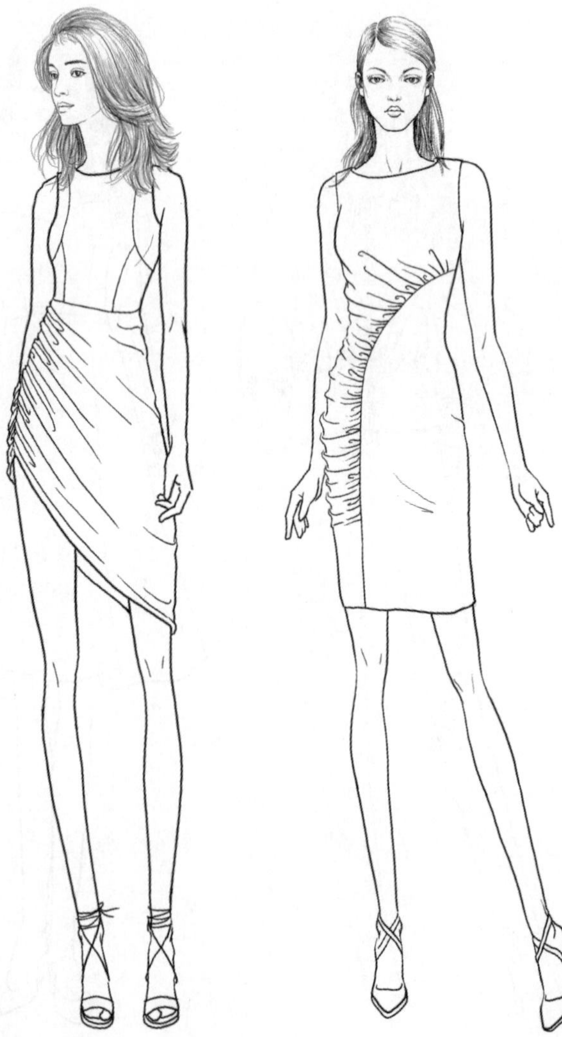

3. 不同材质抽褶的画法

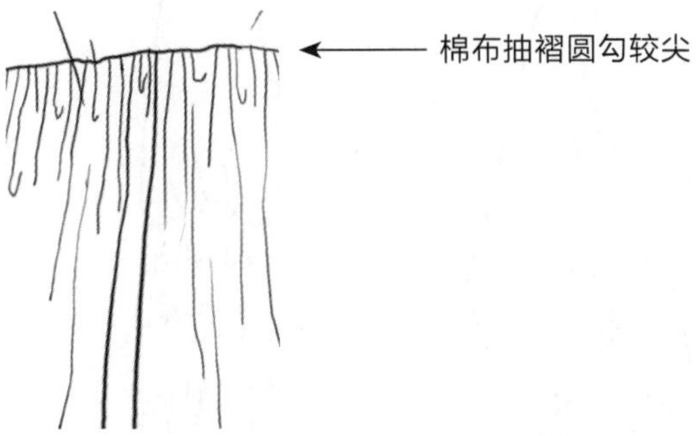

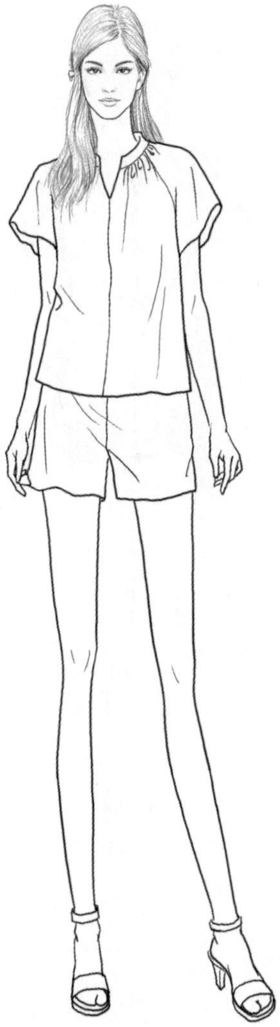

4. 厚面料抽褶的画法

5. 木耳边的画法

扫码看视频

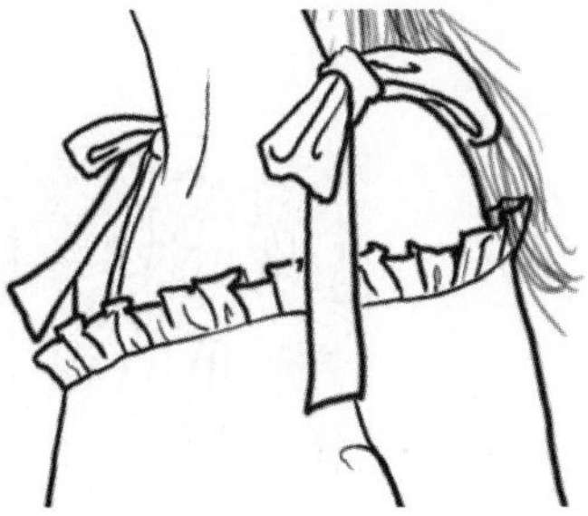

四、松紧带的画法

上下笔触的排列

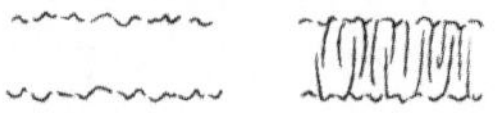

切线边缘有起伏

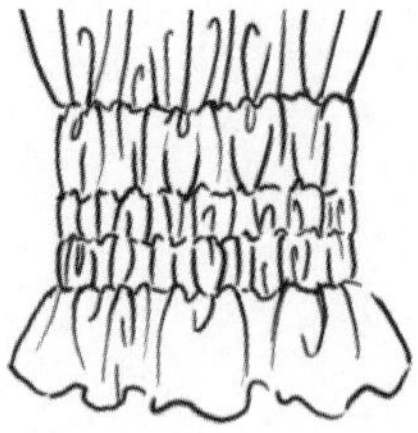

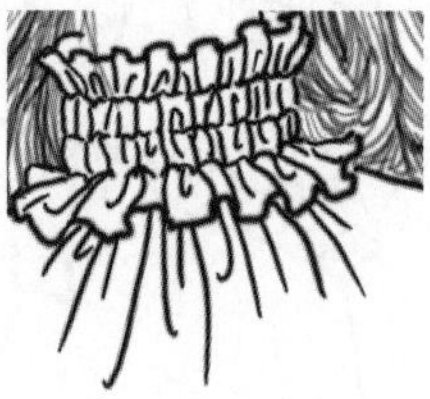

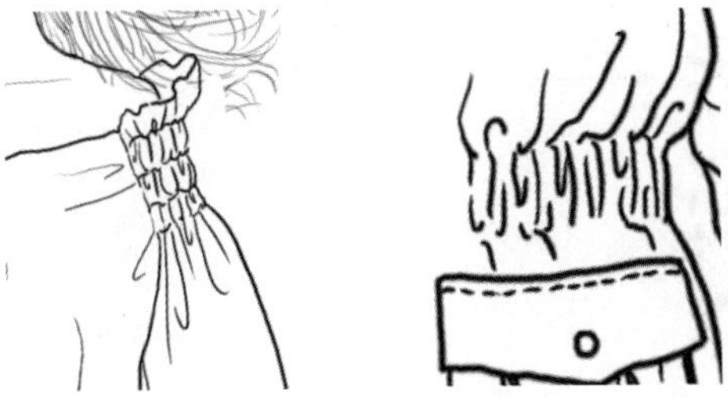

以波浪线表现

扫码看视频

扫码看视频

1. 多针打揽的画法

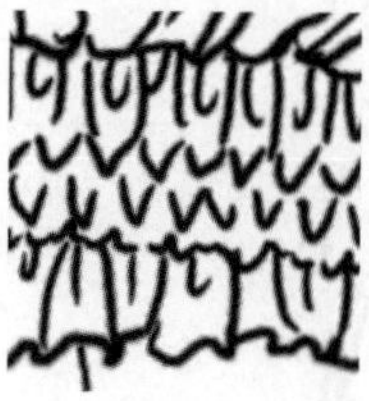

三角勾的排列效果

重复多行松紧带排列效果

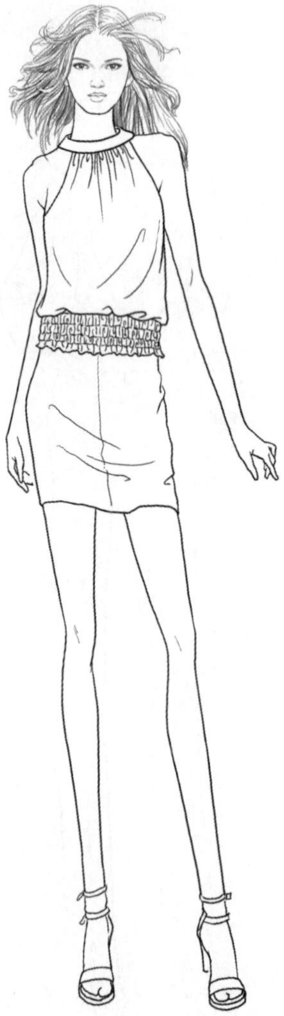

2. 不同材质松紧带的画法

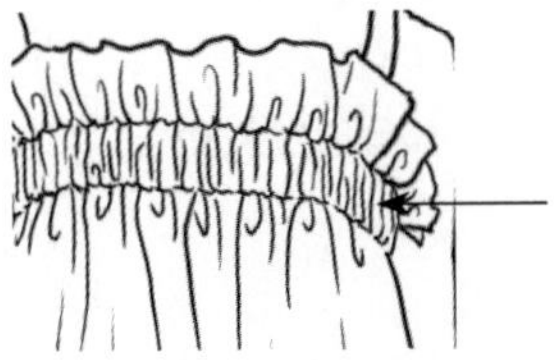

棉质松紧带，抽褶较直挺

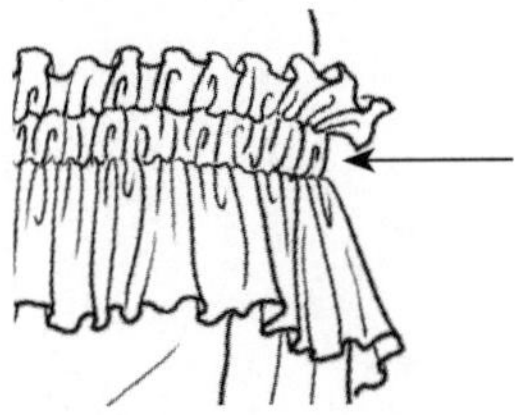

雪纺类松紧带，抽褶较细柔

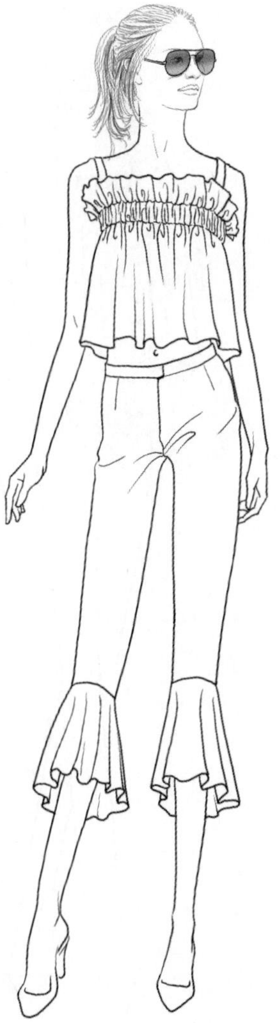

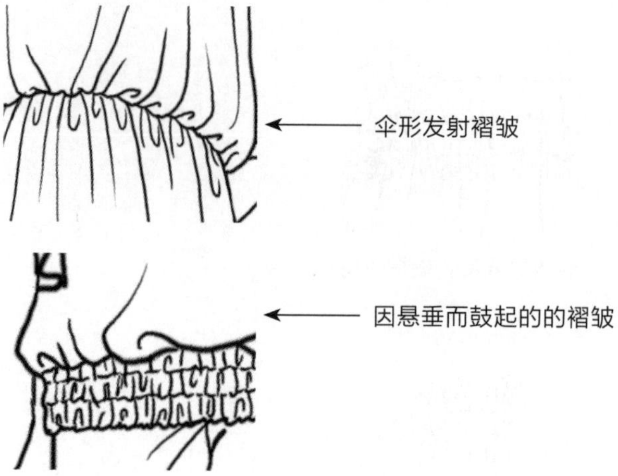
伞形发射褶皱
因悬垂而鼓起的的褶皱

五、抽绳的画法

扫码看视频

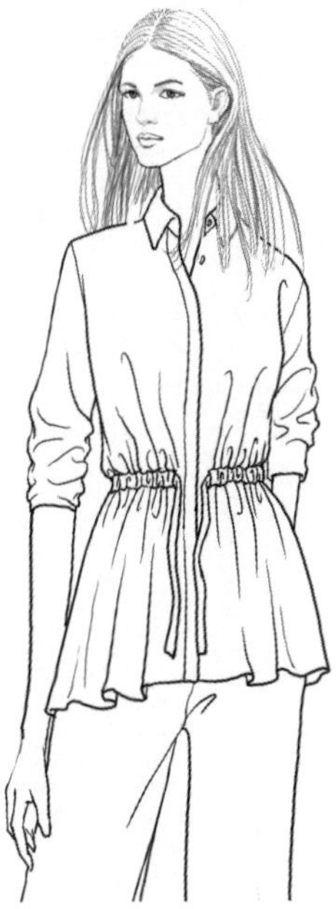

厚料穿绳处褶皱的间距大

六、蝴蝶结的画法

打结产生的挤压褶皱纹用圆勾表现

轻薄料要表现出悬垂感

扫码看视频

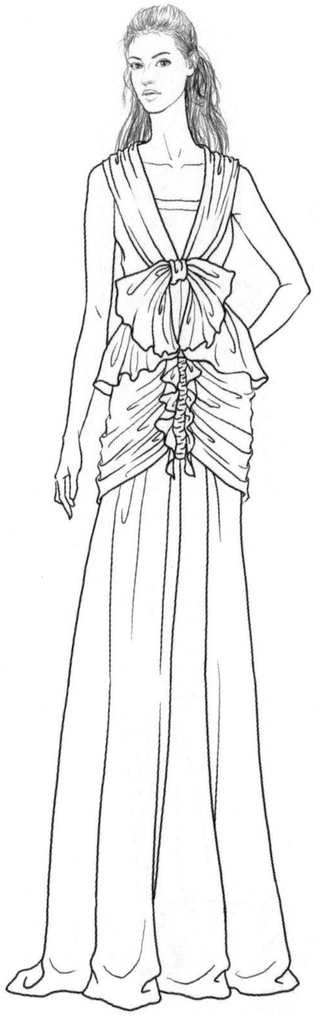

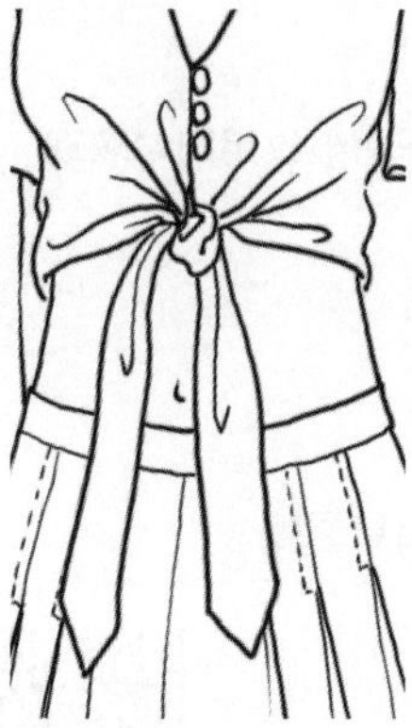

下摆打结，收拢位置有褶皱

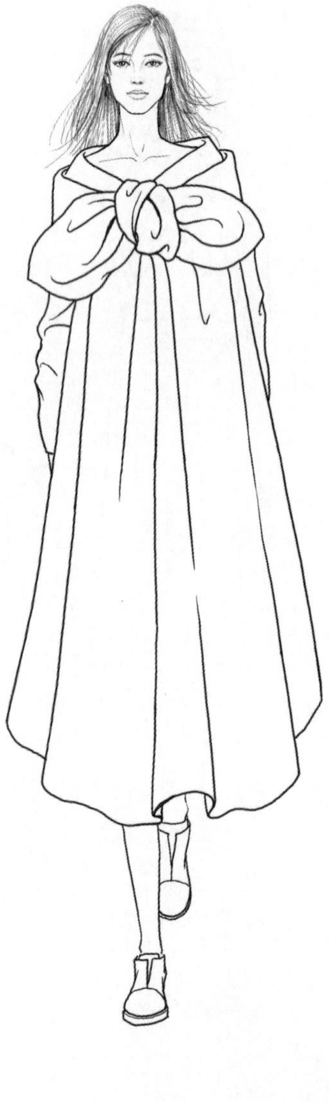

七、束腰的画法

扫码看视频

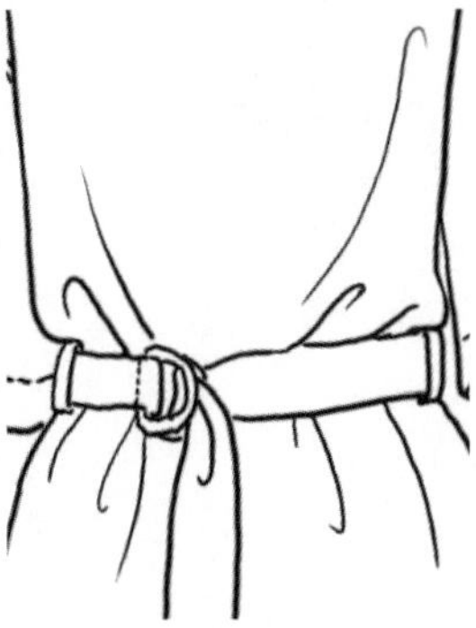

宽松服装束腰的画法

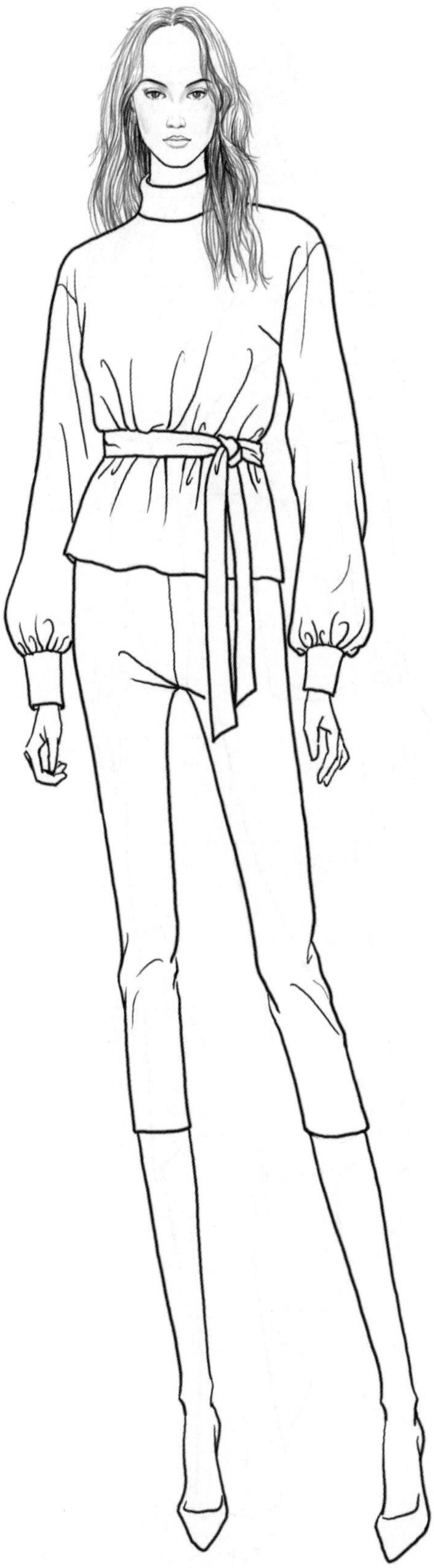

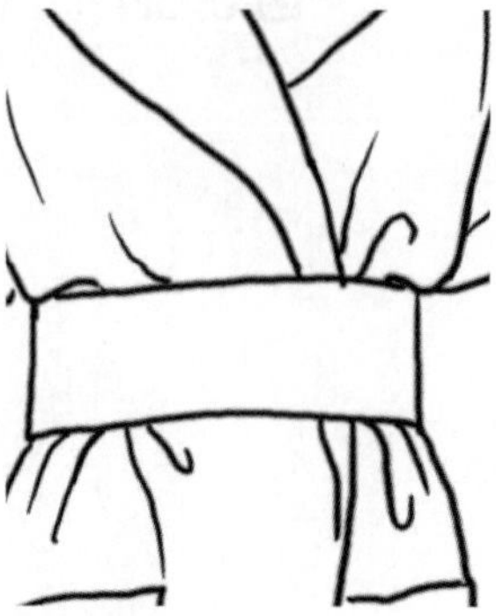

厚料的束腰褶皱少

八、荷叶边的画法

荷叶边所处位置不同，表现的方法也是不同的。

扫码看视频

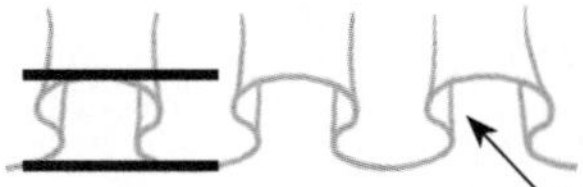

腰围线以上的荷叶边

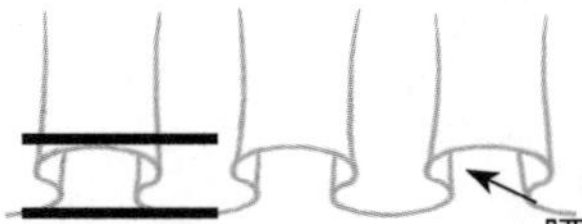

腰围线附近的荷叶边

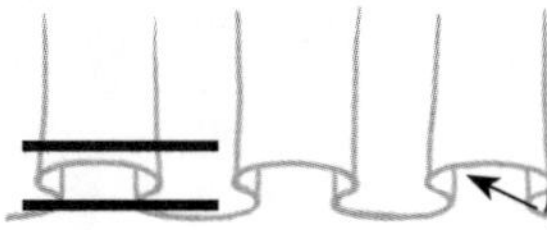

臀围线附近的荷叶边

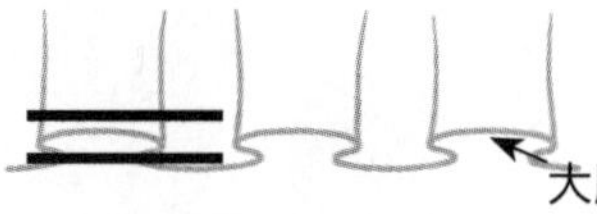

大腿附近的荷叶边

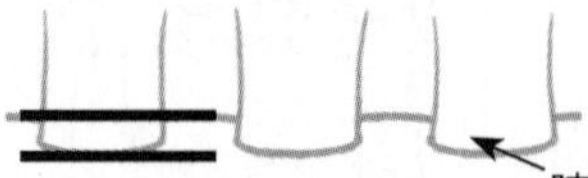

膝盖附近的荷叶边

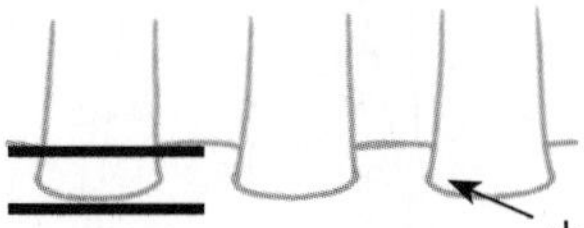

小腿处的荷叶边

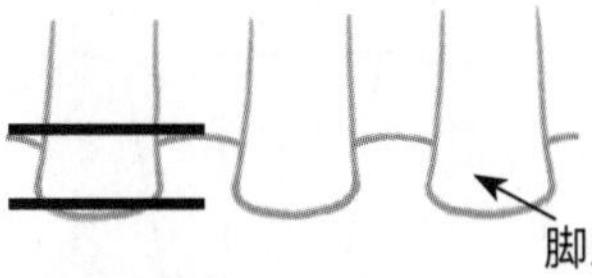

脚踝处的荷叶边

绘制步骤：

①画上下弧线。

②用正反 S 连接上下弧线。

③先画外侧的发射线。

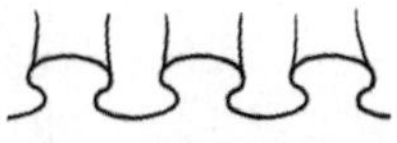

④再画内侧的发射线。

1. 腰部以上荷叶边的画法

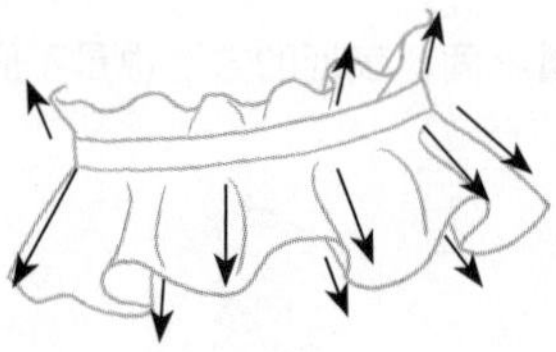

由缝合处向外画发射线

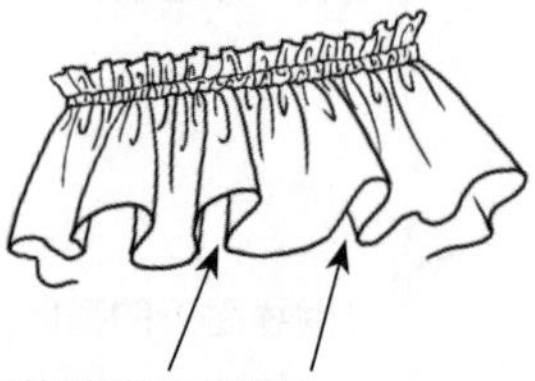

不能遗漏内侧线

2. 腰部附近荷叶边的画法

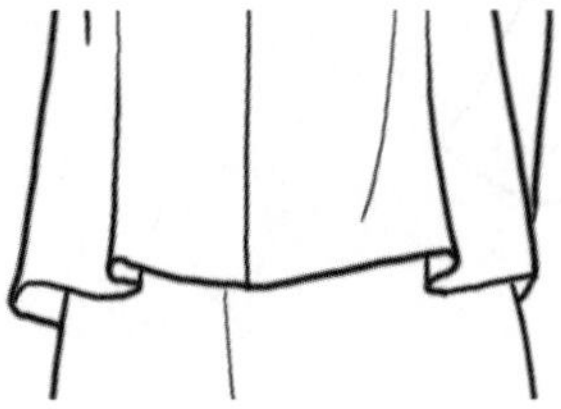

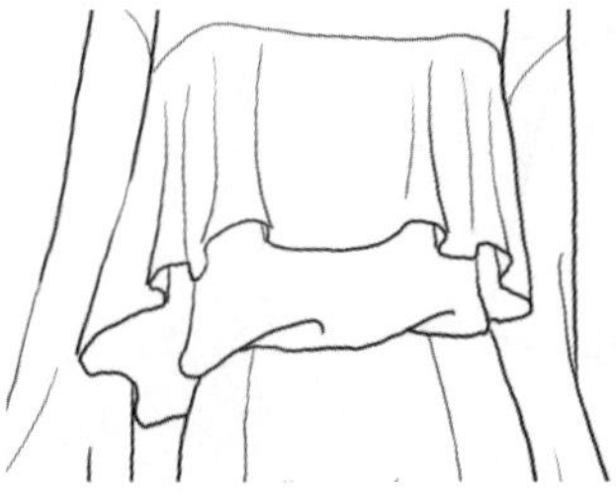

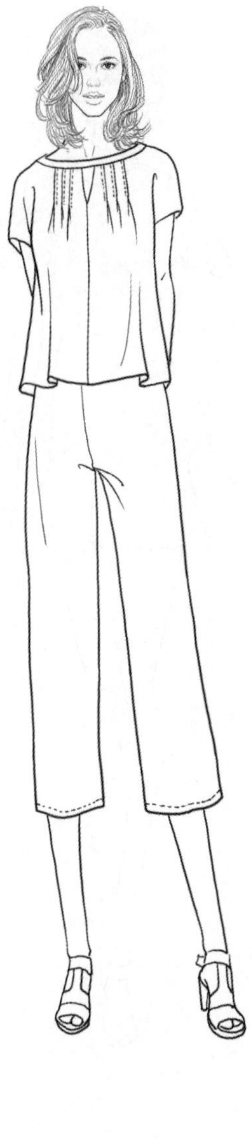

3. 大腿附近荷叶边的画法

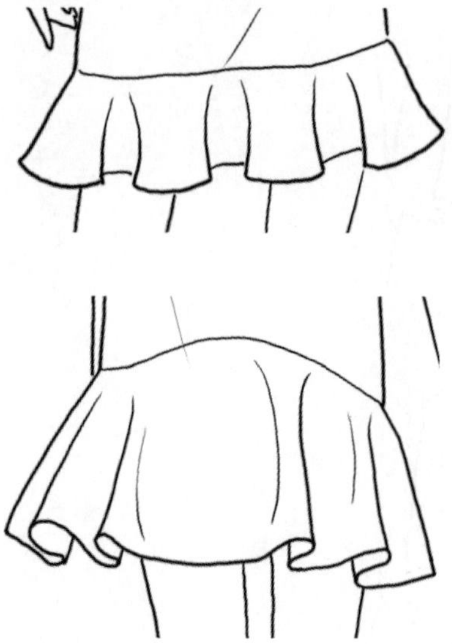

4. 膝盖附近荷叶边的画法

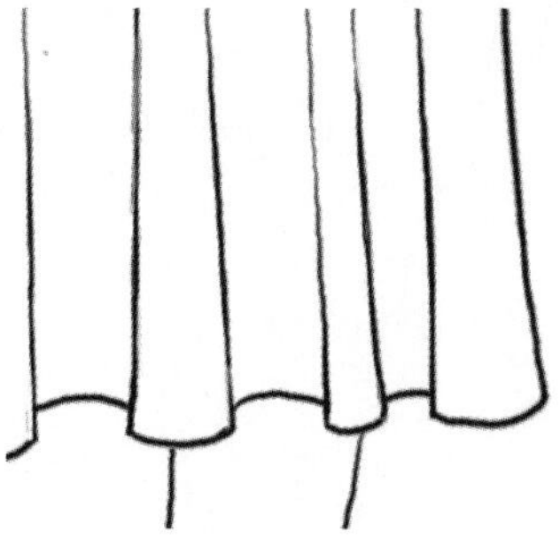

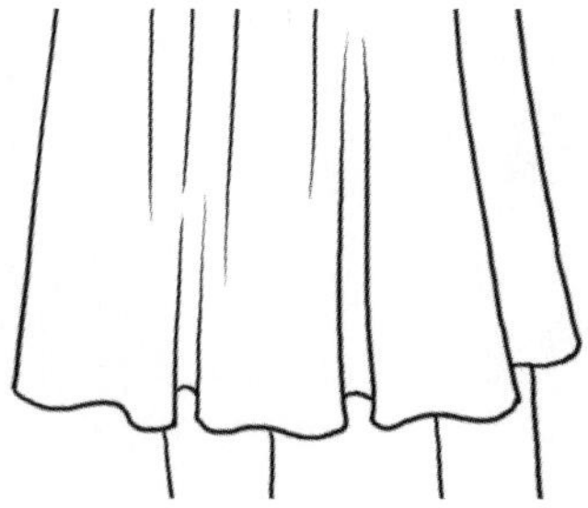

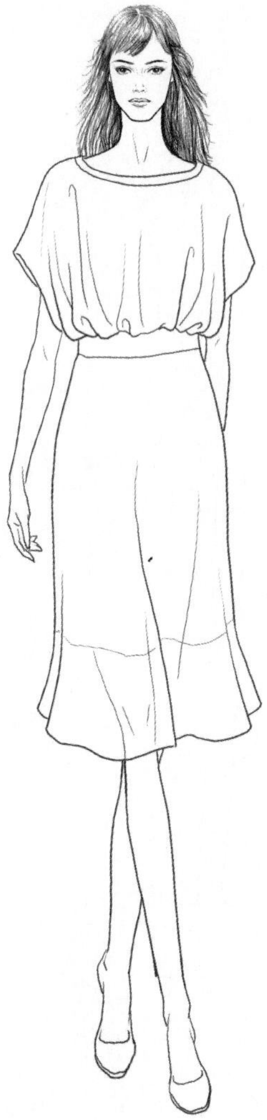

5. 小腿以下荷叶边的画法

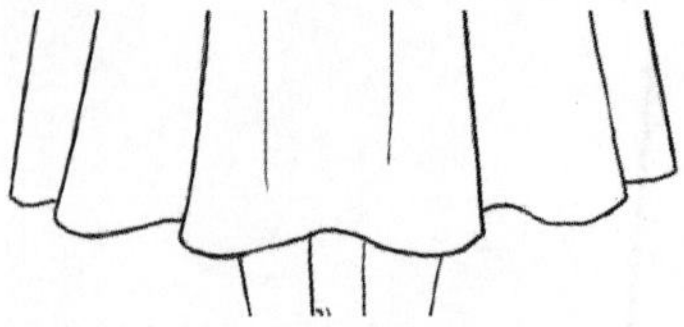

直站时，下摆波浪均匀

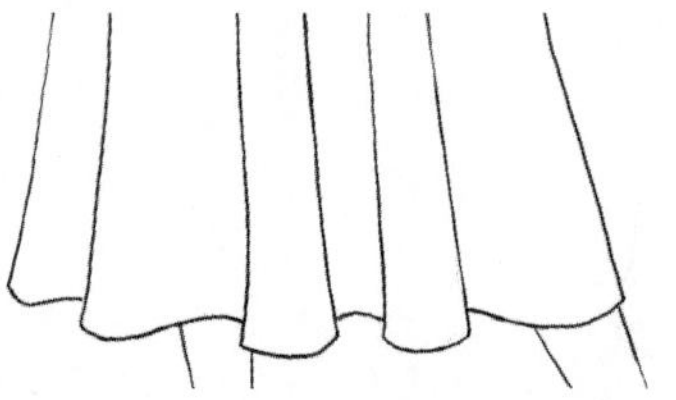

腿伸展出去时，波浪间距不等

6. 斜向荷叶边的画法

7. 悬垂荷叶边的画法

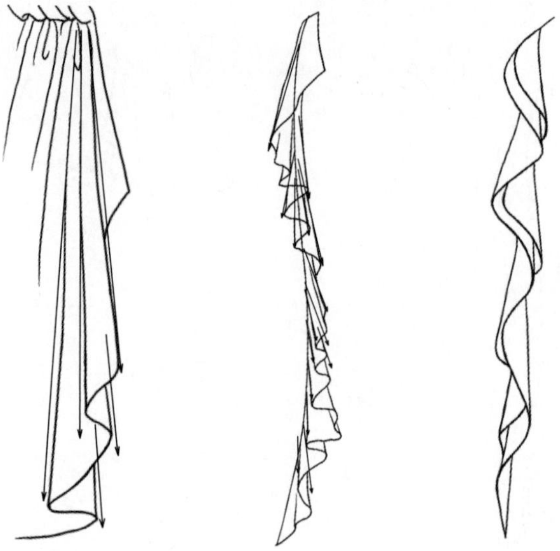

8. 发射荷叶边的画法

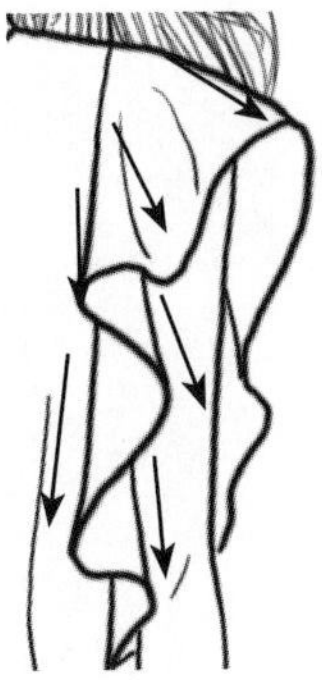

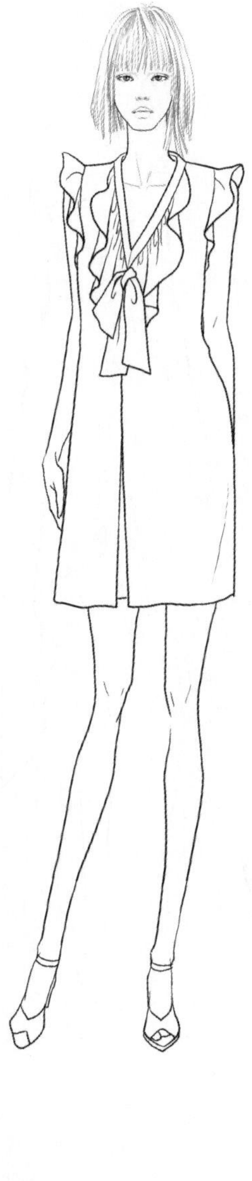

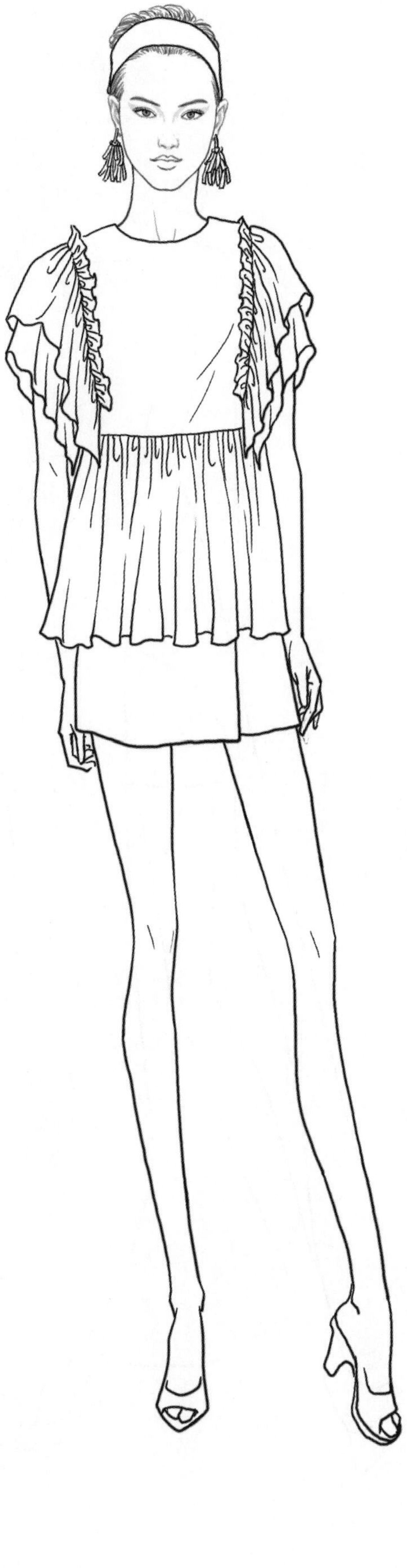

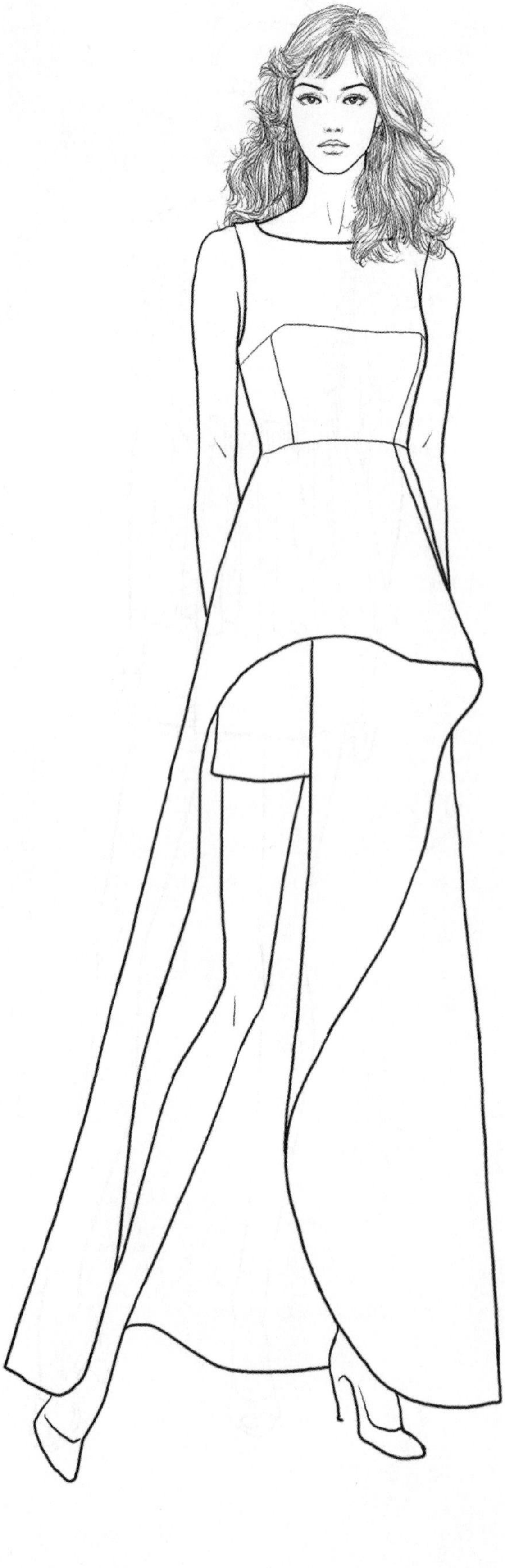

9. 前短后长荷叶边的画法

九、压褶的画法

扫码看视频

1. 褶裥的画法

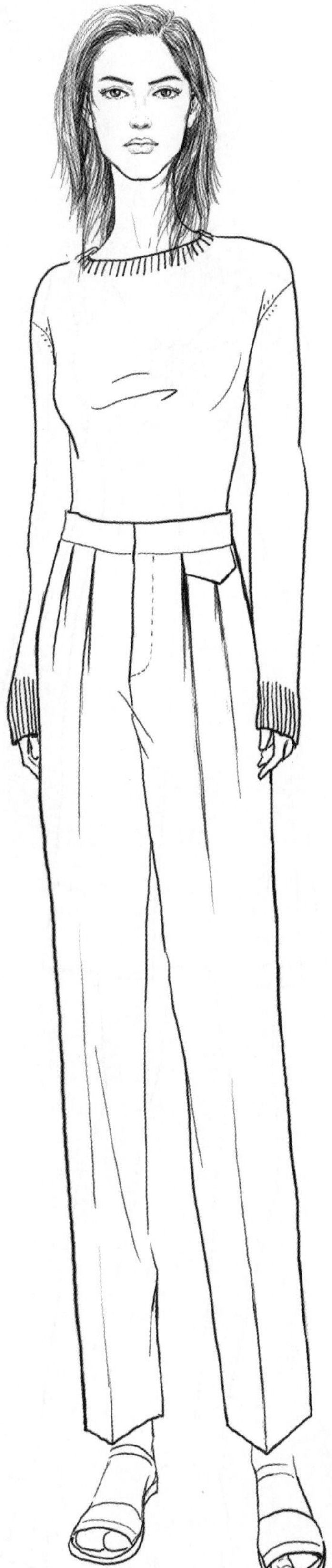

扫码看视频

2. 明裥与暗裥的画法

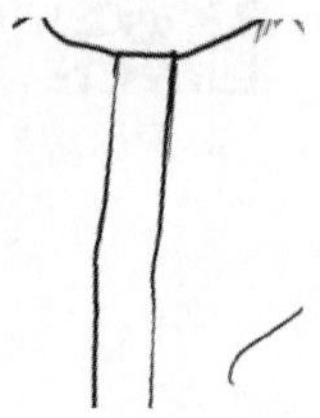

明裥外侧加阴影

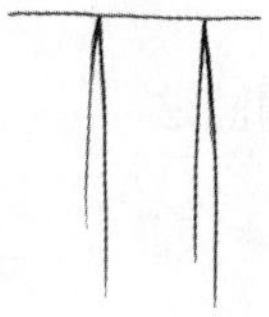

暗裥内侧加阴影

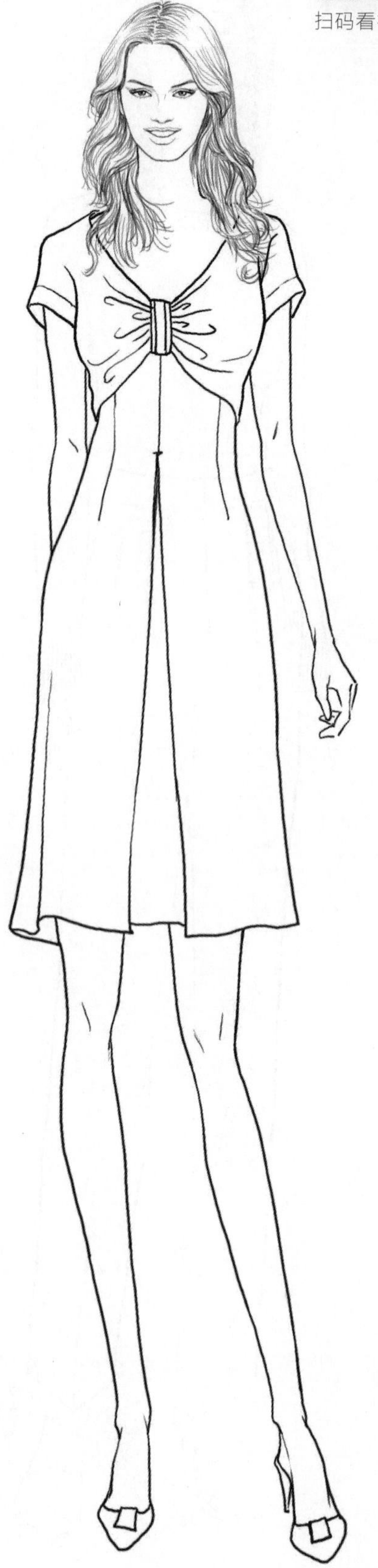

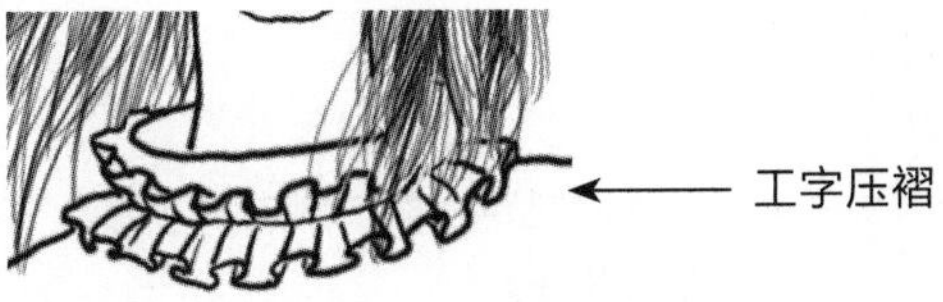
工字压褶

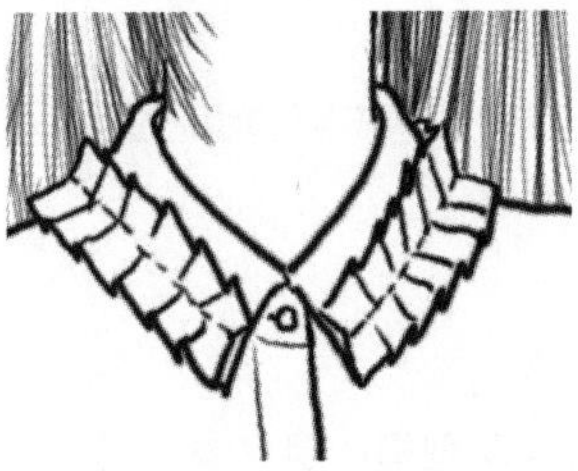

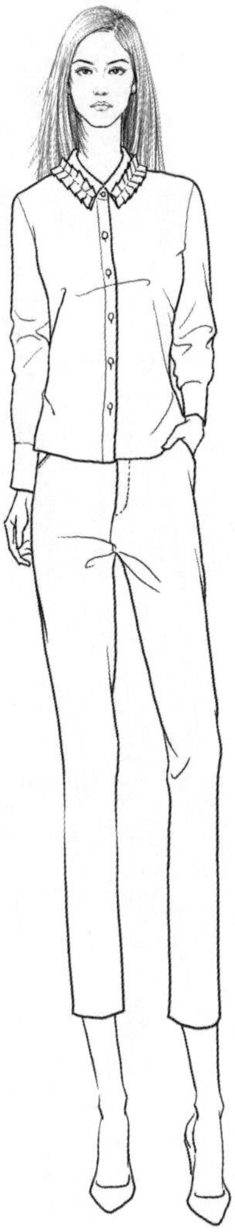

3. 机械定型褶的画法

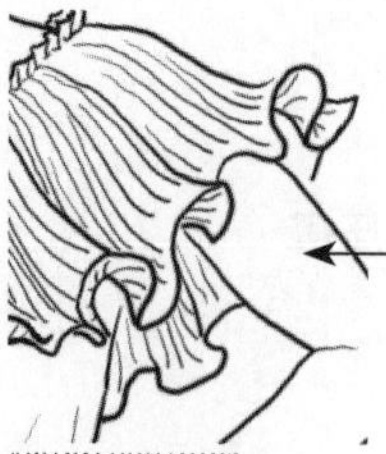

轻薄面料定型褶不到边缘，边缘会产生卷翘

轻薄面料定型褶不到边缘，边缘会产生卷翘

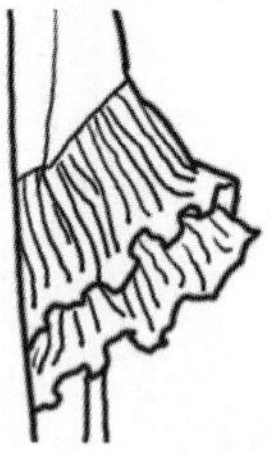

棉质面料定型褶不到边缘，边缘会产生翘角

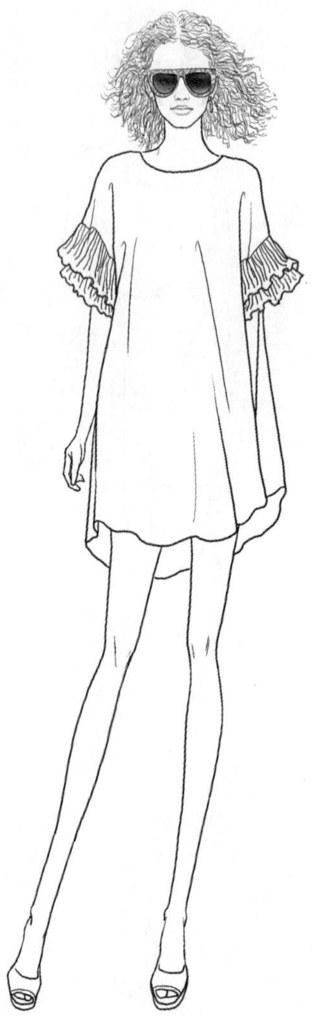

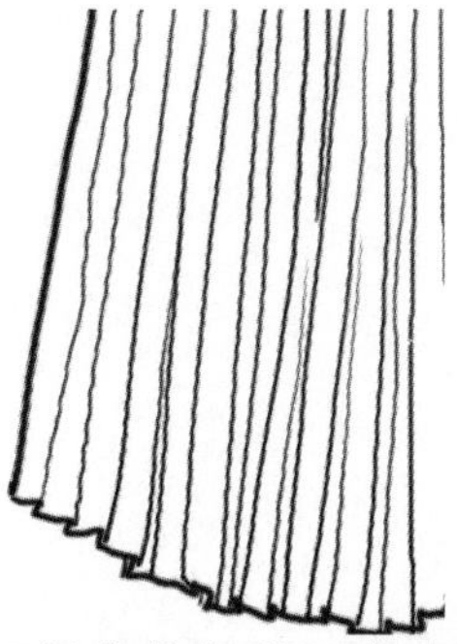

到边缘的定型褶呈锯齿状

扫码看视频

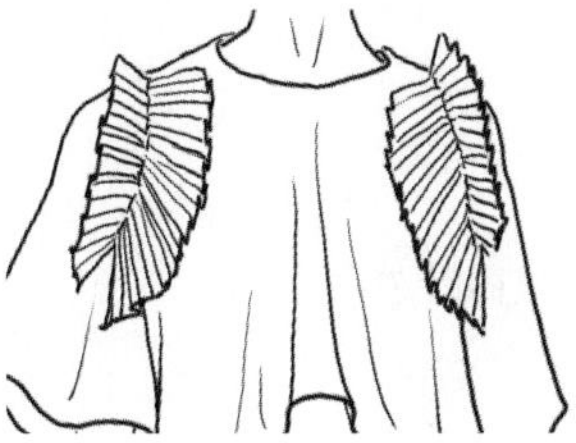

4. 塔克工艺压褶的画法

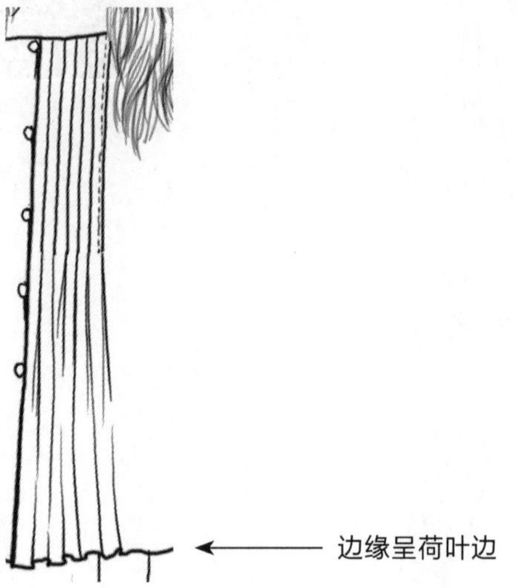

第四章

服装造型的画法

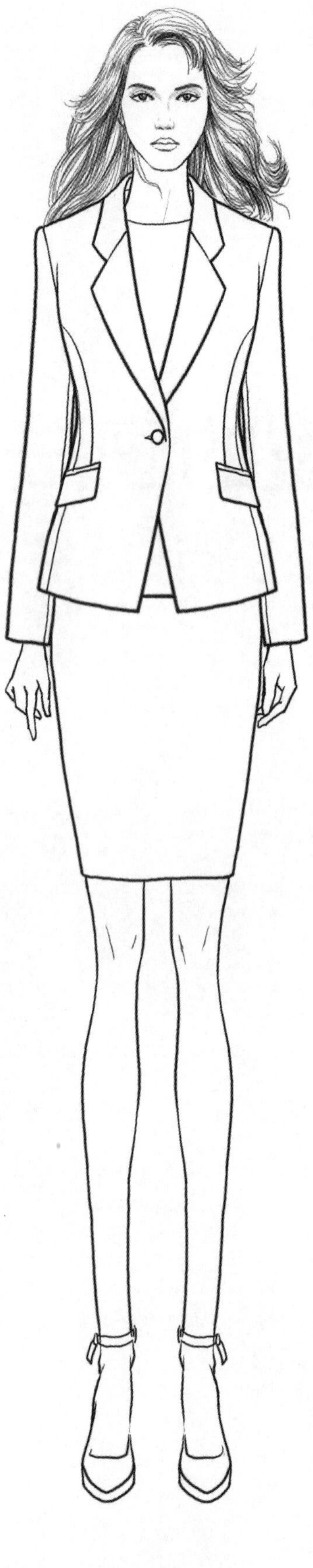

扫码看视频

一、上装造型的画法

1. 正面西装领的画法

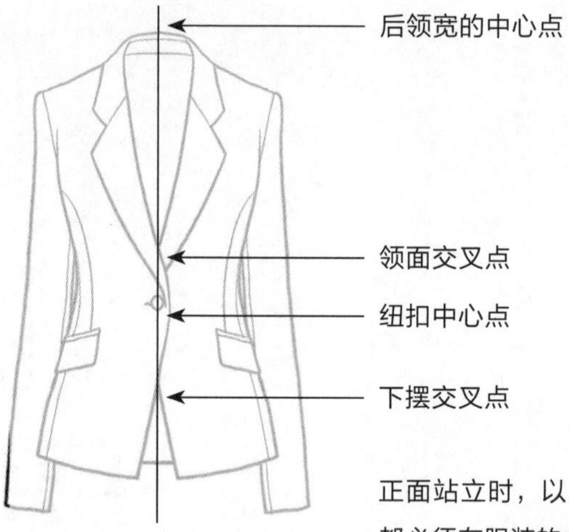

正面站立时，以上 4 个点都必须在服装的中心线上

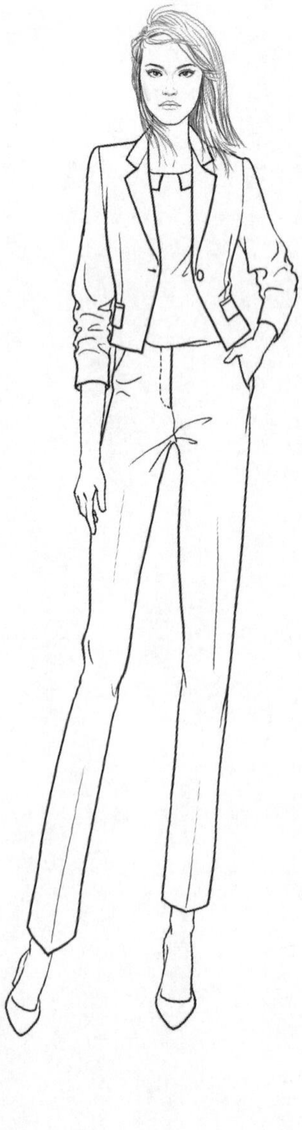

2. 侧身西装领的画法

扫码看视频

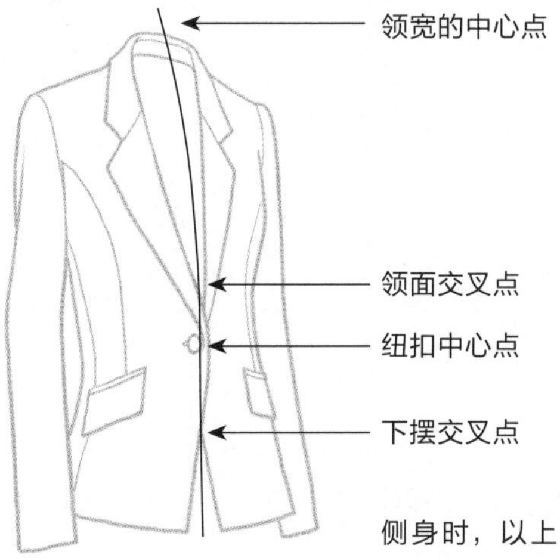

侧身时，以上 4 个点位都必须在服装的中心线上

3. 双排扣叠门的画法

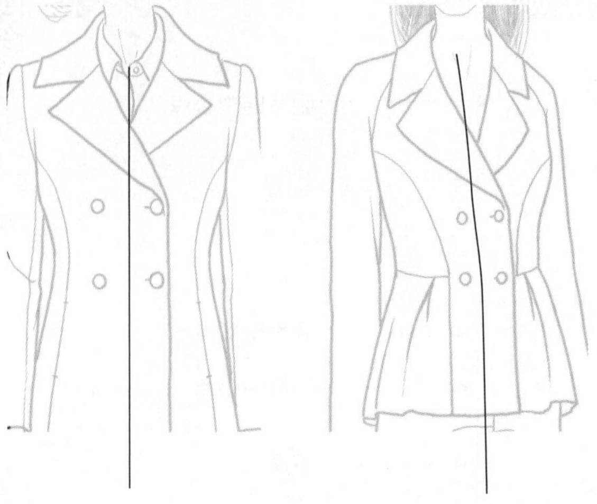

双排扣扣上时的中心位在服装的中心线上，纽扣在中心线两侧排列

4. 领面宽的画法

扫码看视频

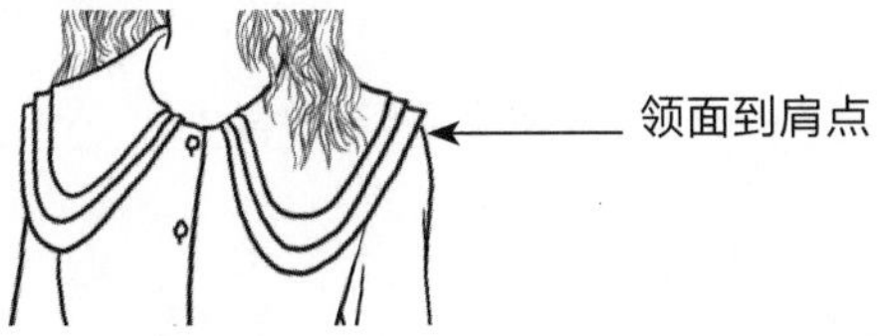

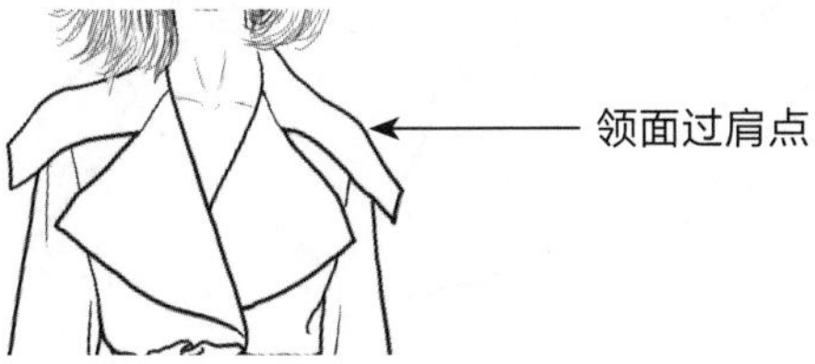

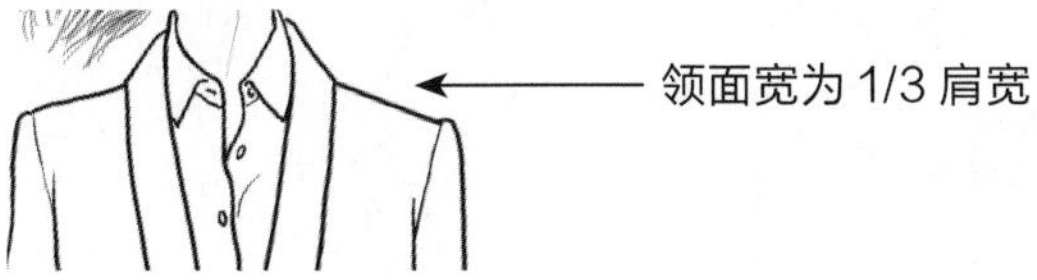

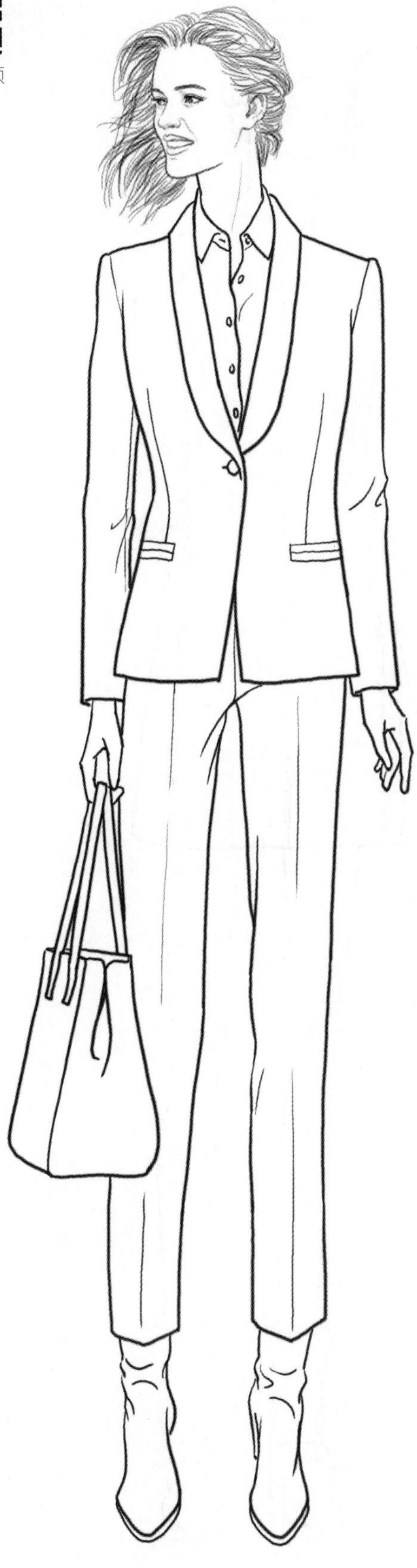

扫码看视频

5. 横领的画法

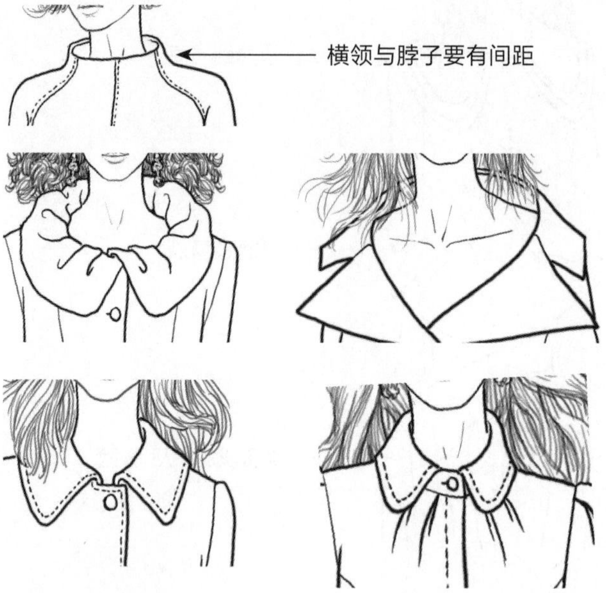

6. 荡领的画法

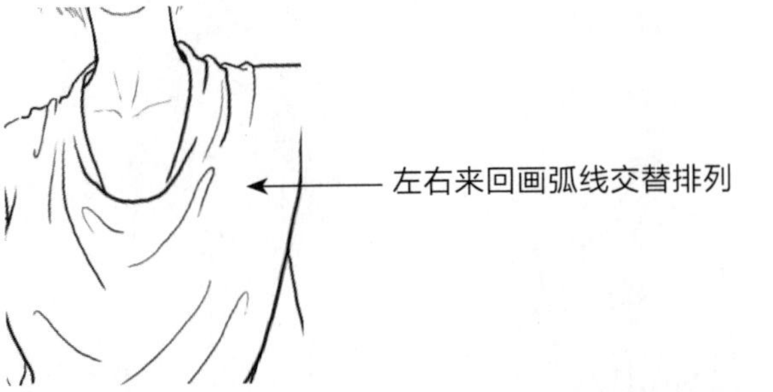

扫码看视频

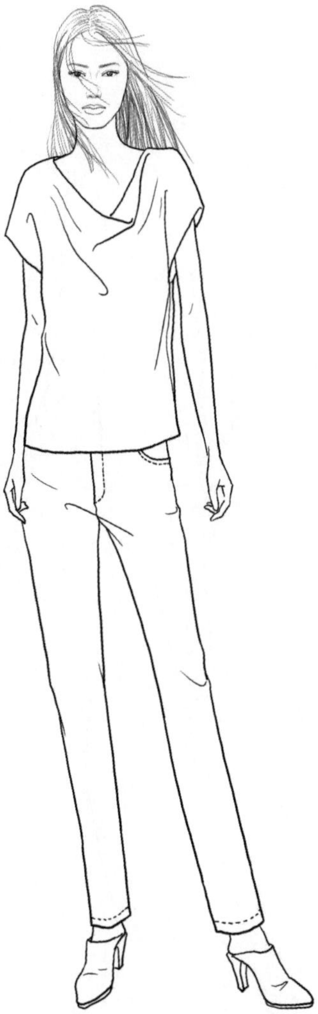

扫码看视频

7. 落肩袖的画法

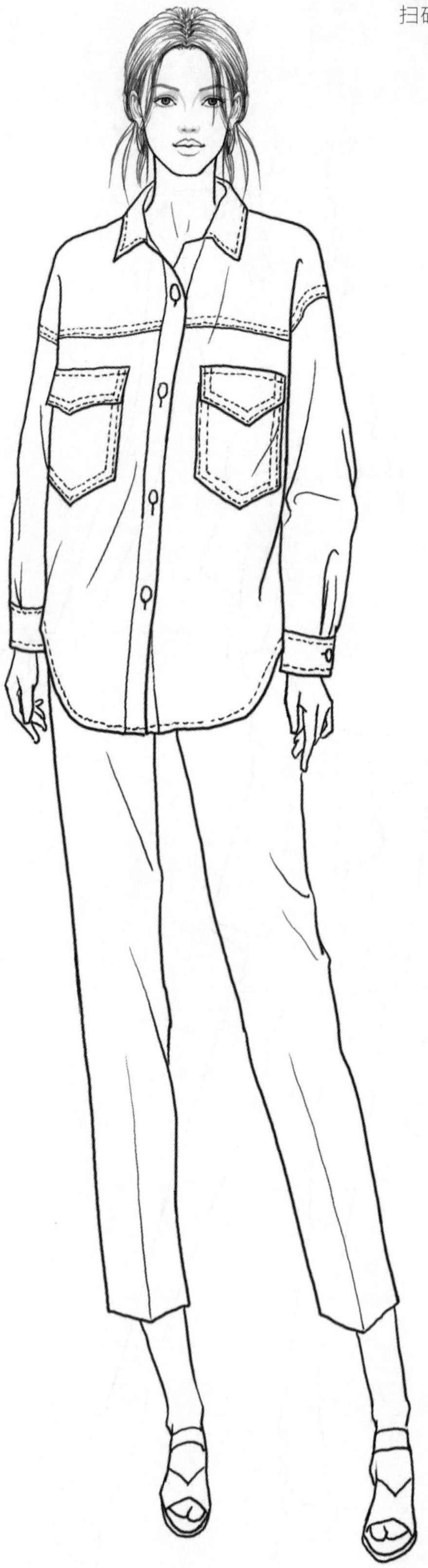

8. 灯笼袖的画法

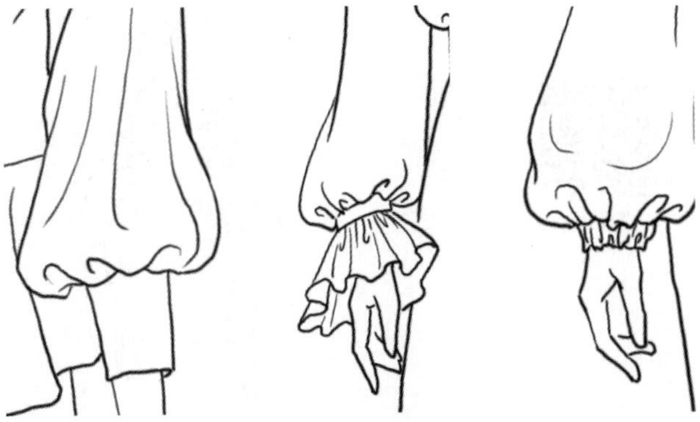

袖口抽褶，抽线以伞状展开

扫码看视频

9. 插肩袖的画法

扫码看视频

10. 袖口的画法

扫码看视频

11. 袖山的画法

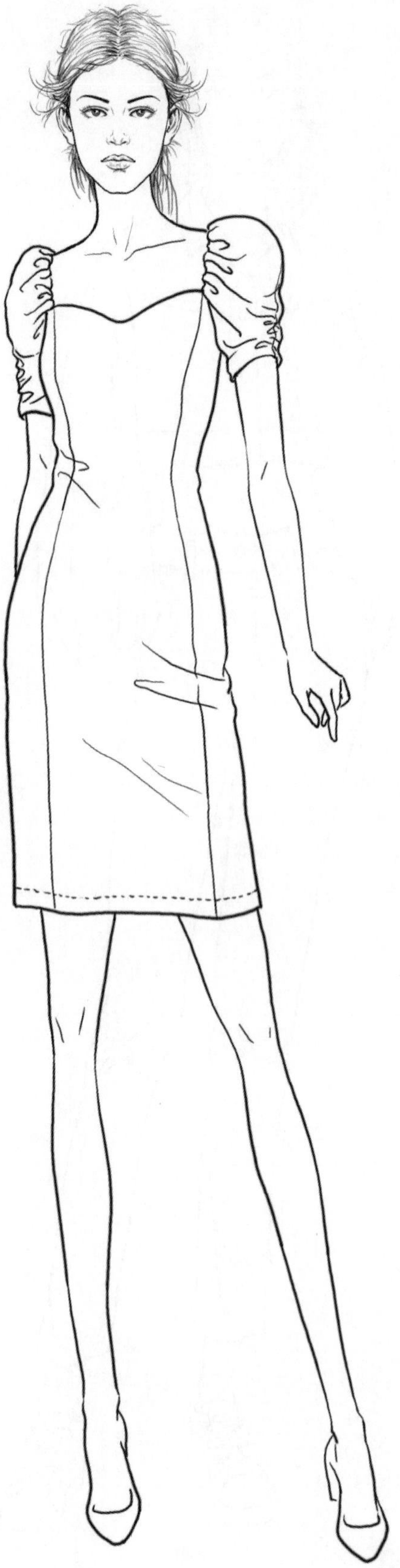

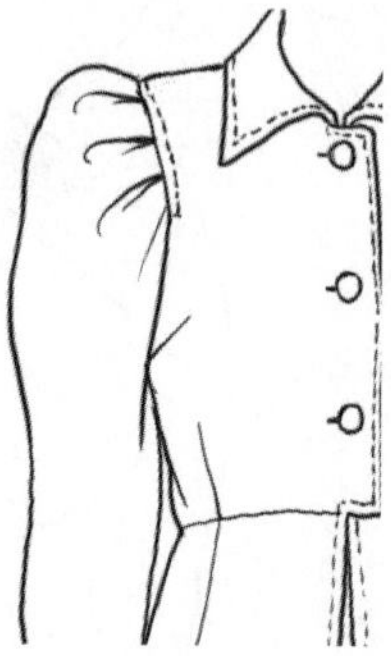

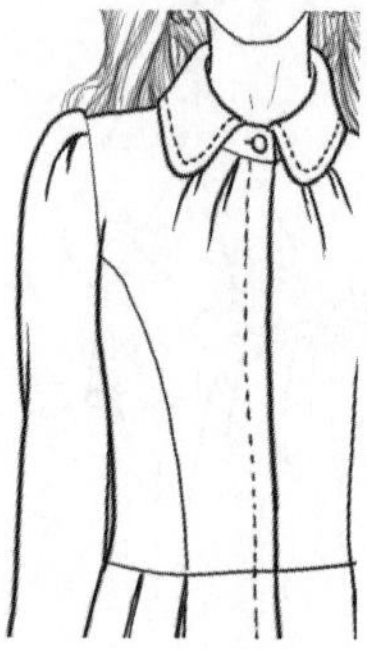

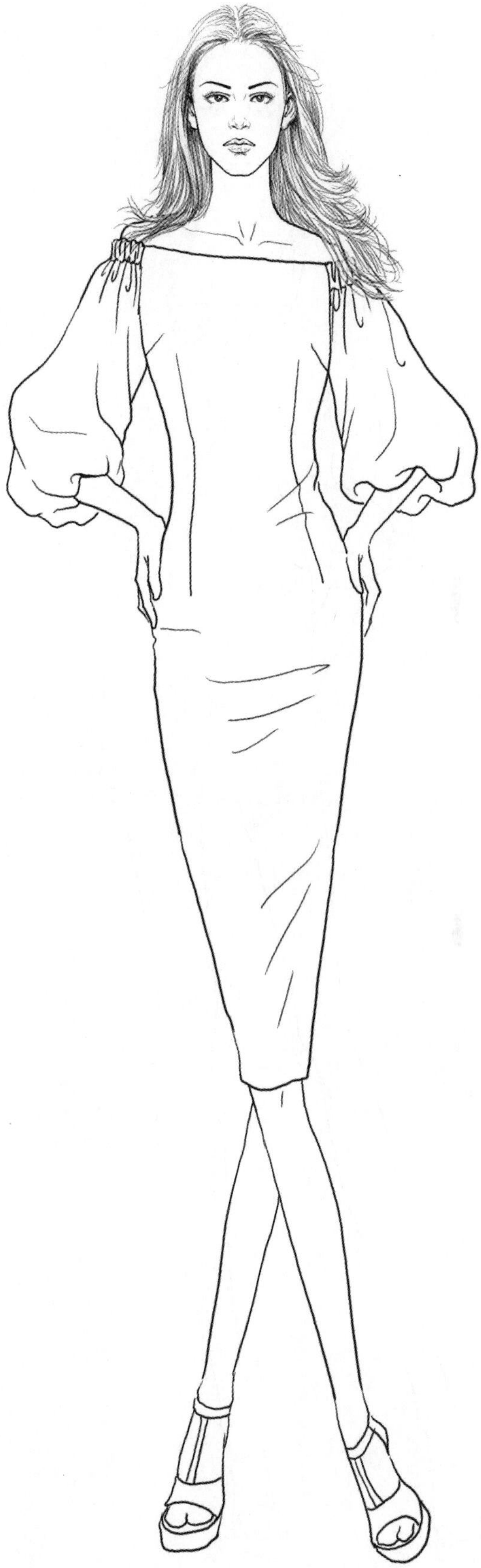

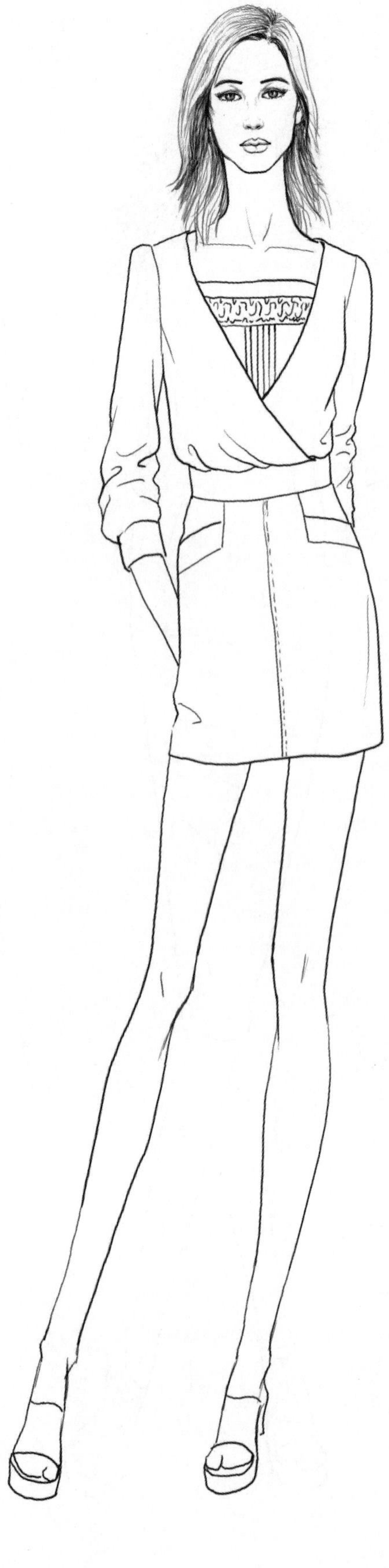

二、下装造型的画法

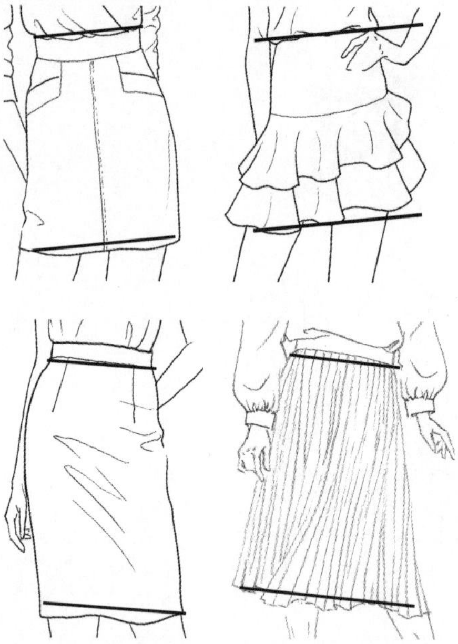

斜姿时腰线与裙摆的关系

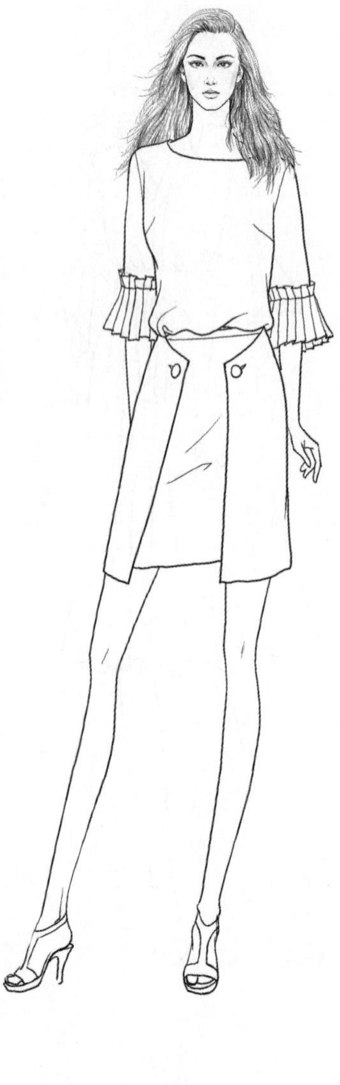

1. 大喇叭裙的画法

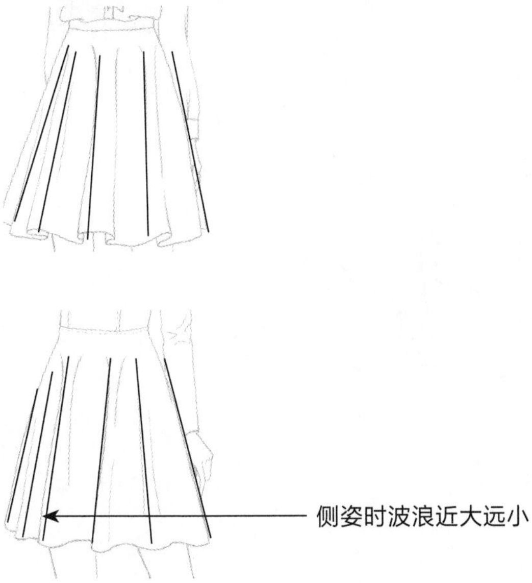

2. 紧身裙的画法

扫码看视频

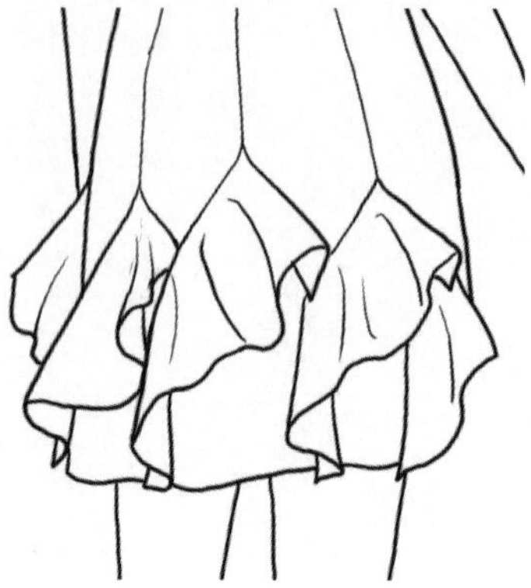

分割后插片

3. 宽松裙的画法

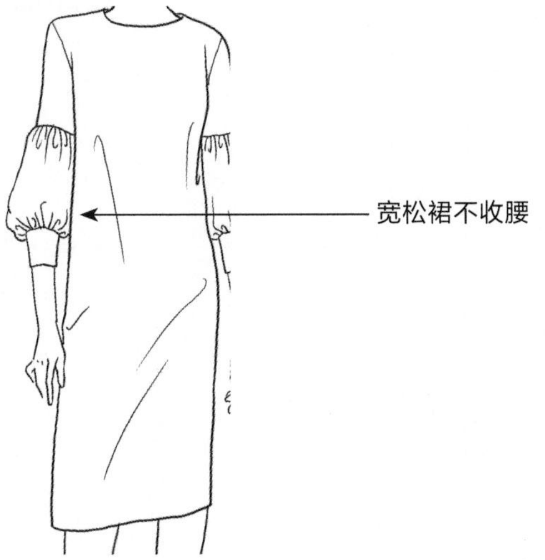

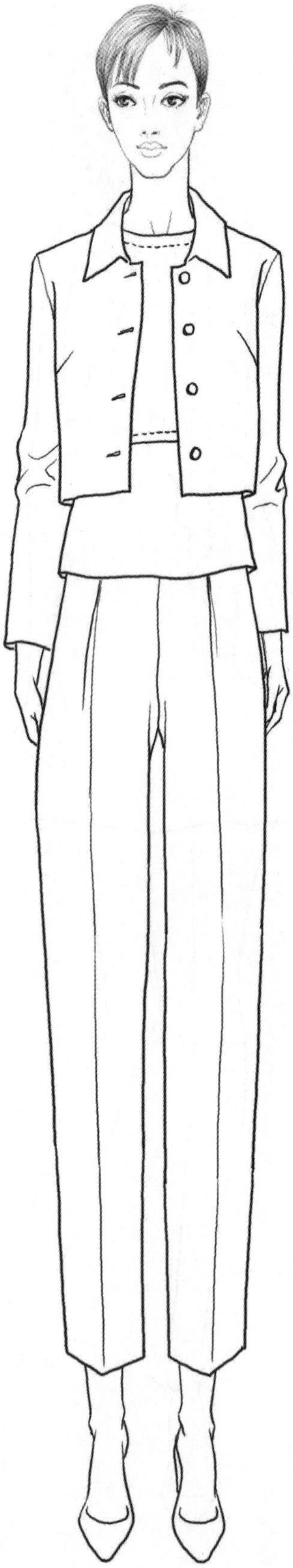

4. 直筒裤的画法

扫码看视频

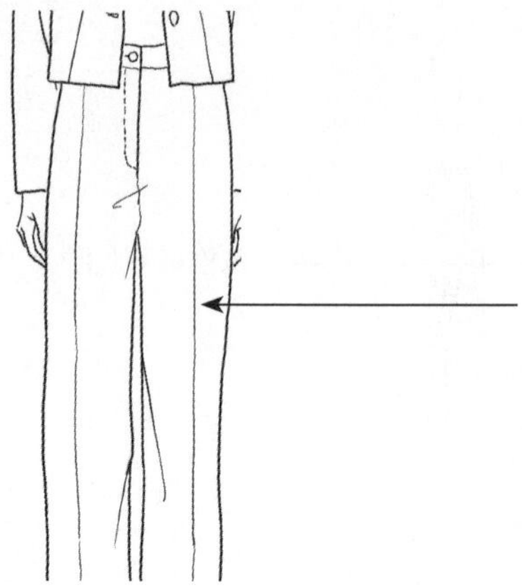

5. 短裤的画法

扫码看视频

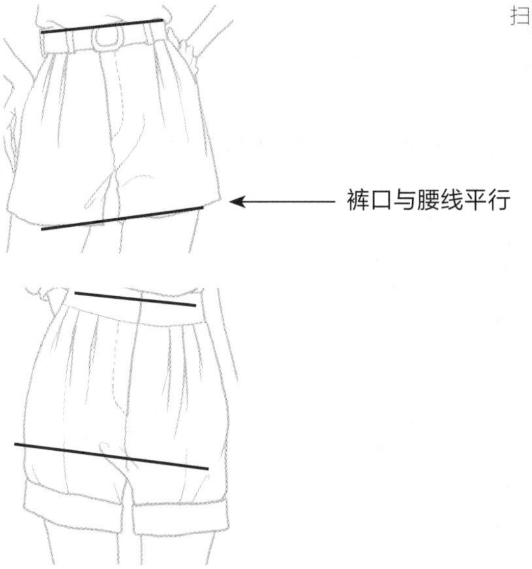

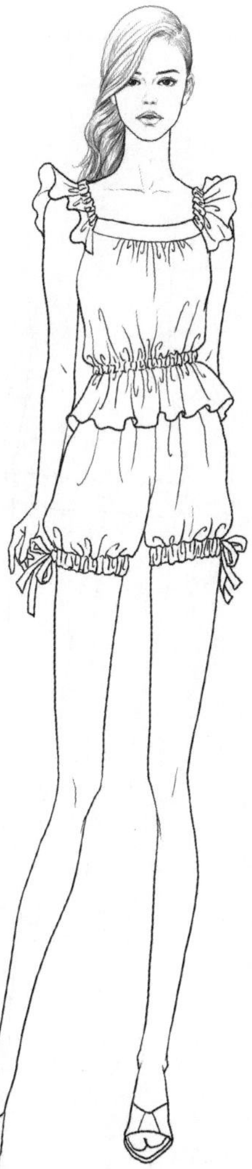

6. 紧身裤的画法

扫码看视频

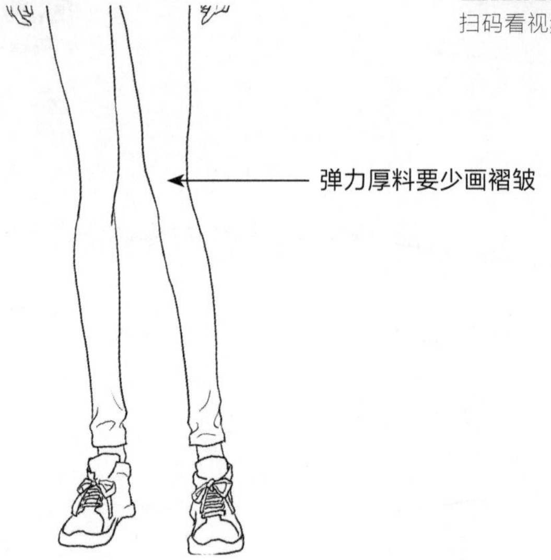

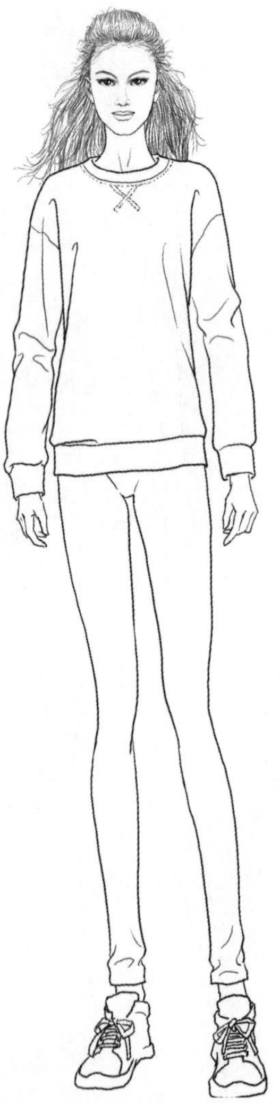

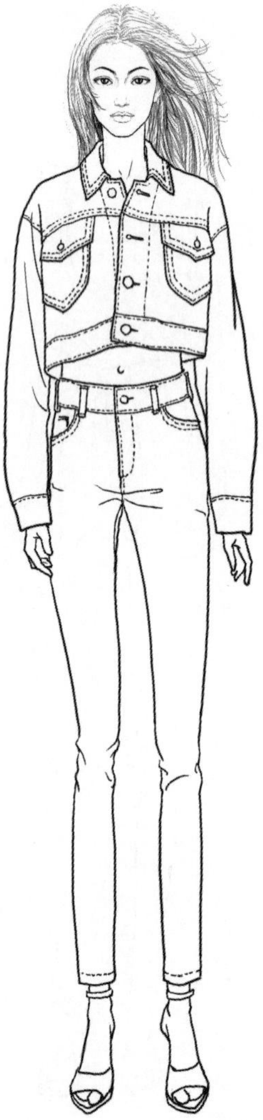

7. 宽松裤的画法

扫码看视频

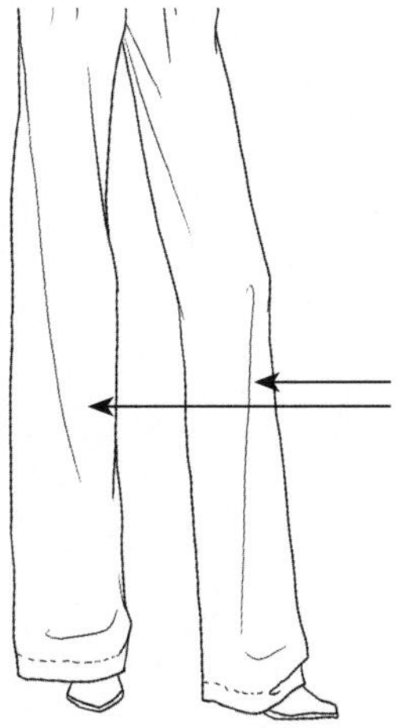

8. 裆部的画法

扫码看视频

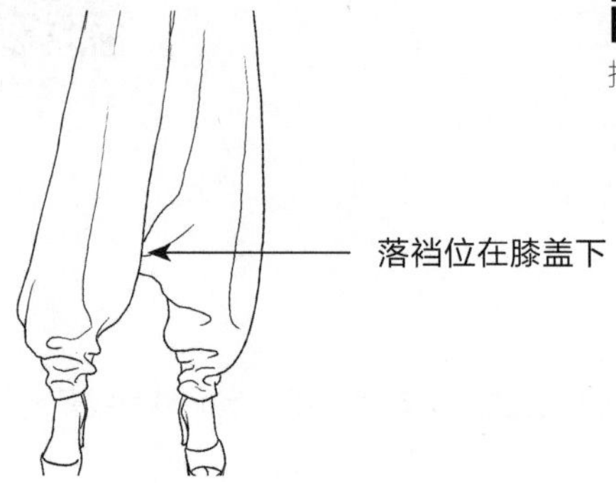

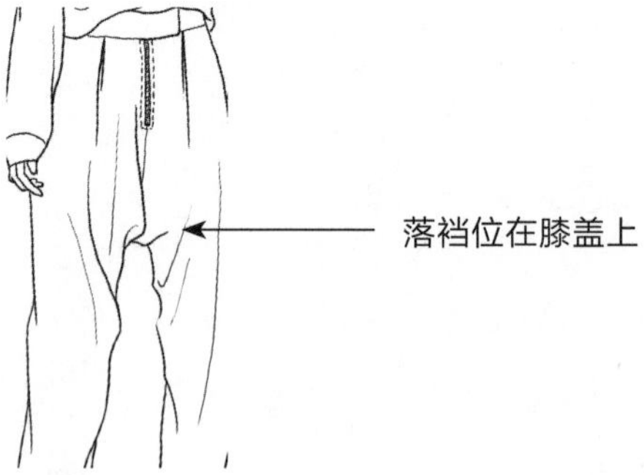

扫码看视频

直立时，裆部褶皱呈 X 形

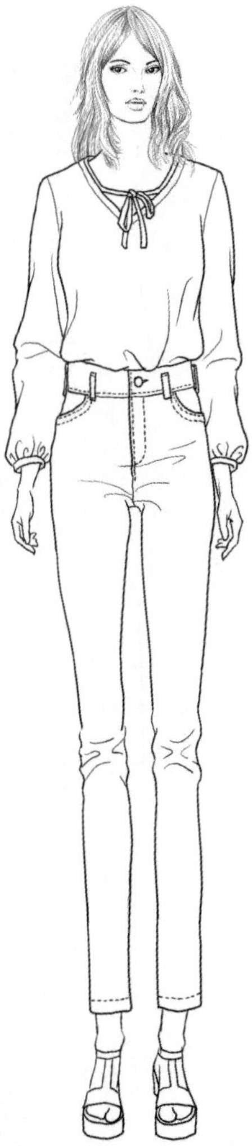

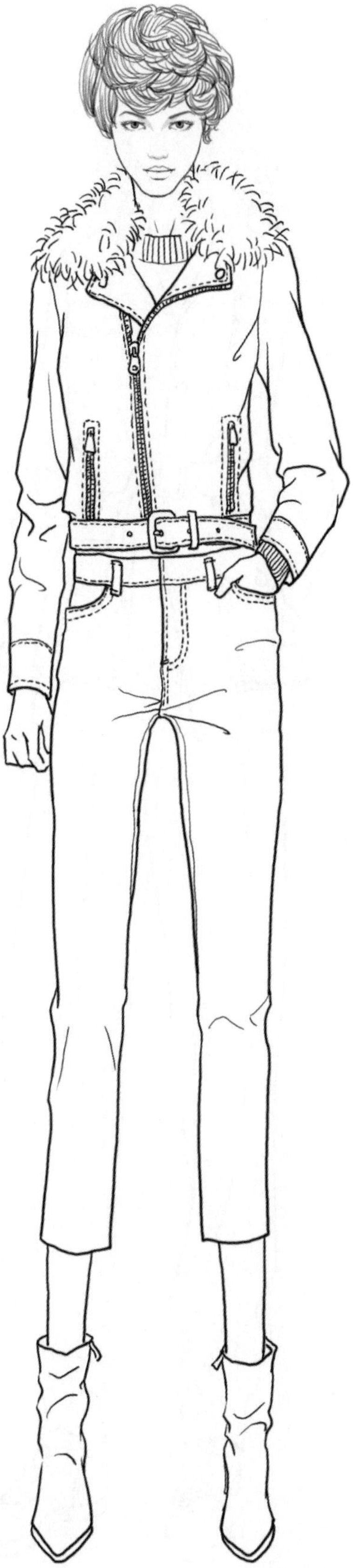

9. 裤脚口的画法

(1) 裤脚口收紧时的画法

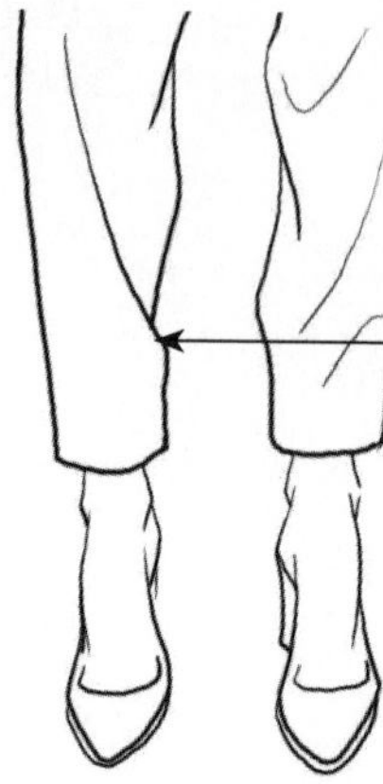

(2) 宽裤脚口的画法

扫码看视频

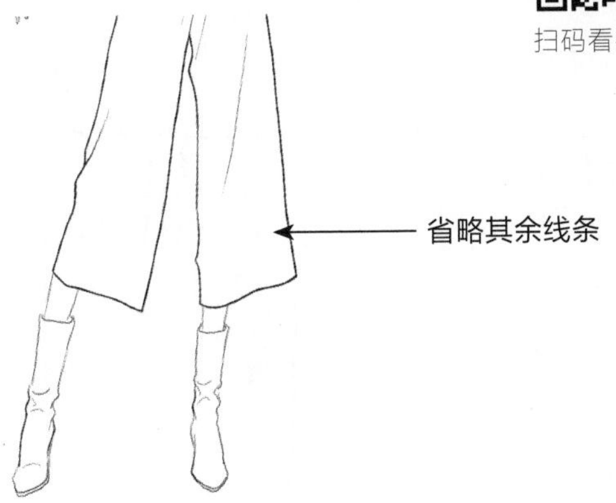

扫码看视频

(3) 宽松长裤裤脚口画法

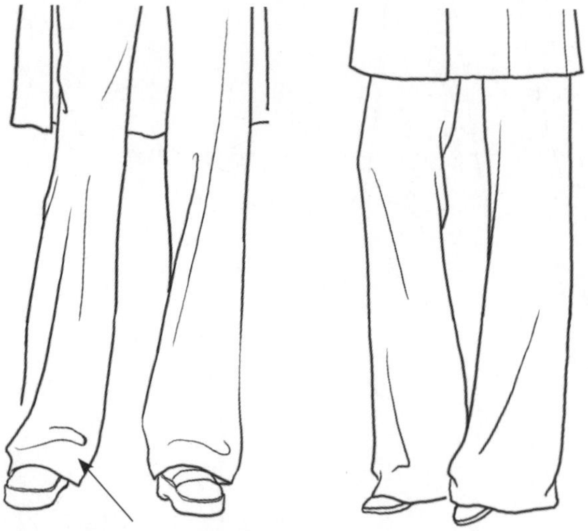

宽松长裤裤脚口附近画勾线

第五章

服装款式的画法

一、衬衣的画法

扫码看视频

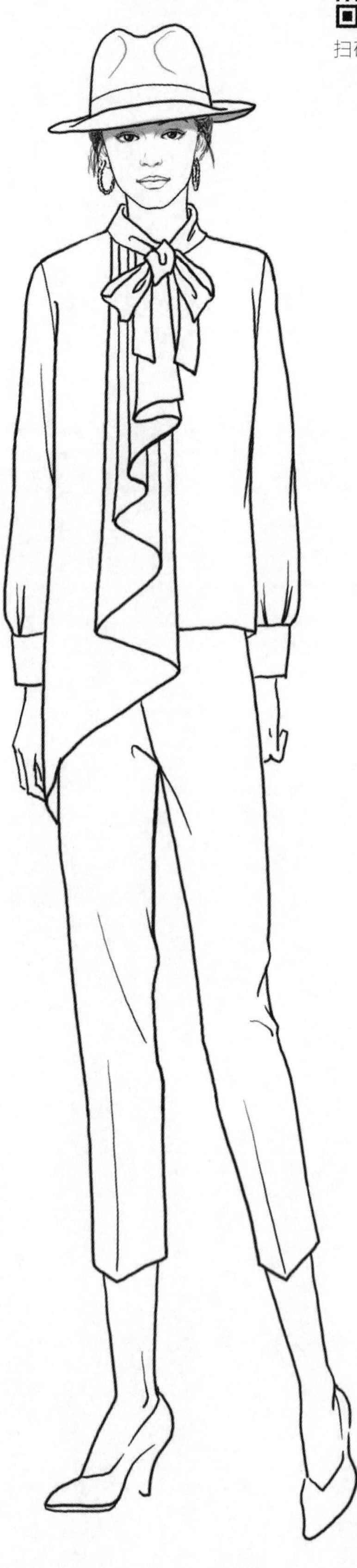

装袖点在肩点处

装袖点在肩点下

装袖点在肩点内

宽松衬衣褶皱线

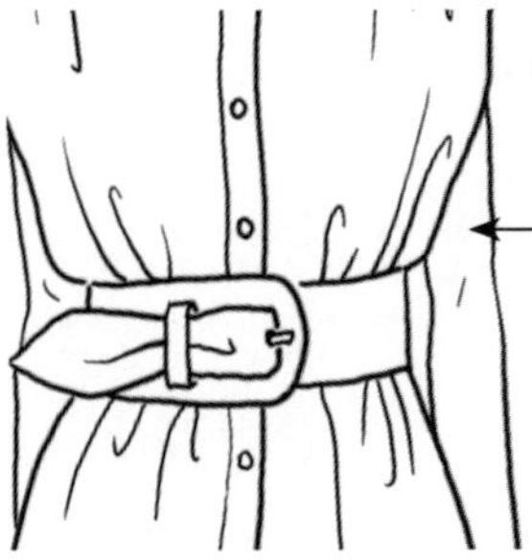
宽松衬衣束腰褶皱线

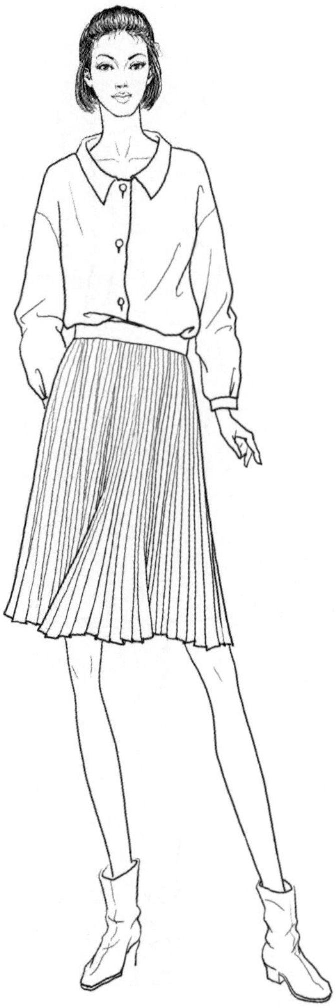

扫码看视频

二、连衣裙的画法

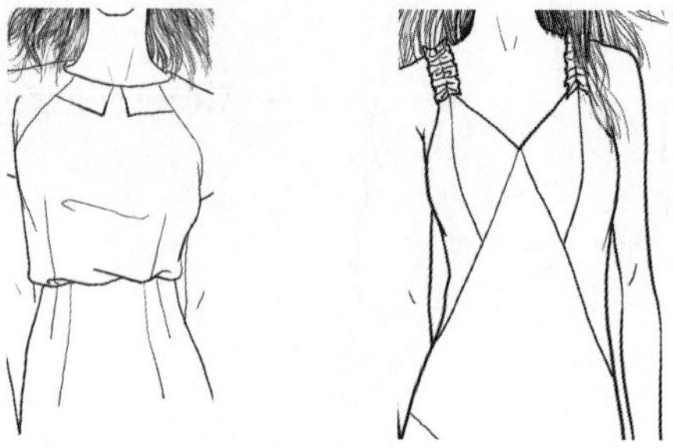

紧身连衣裙的腰省和胸省

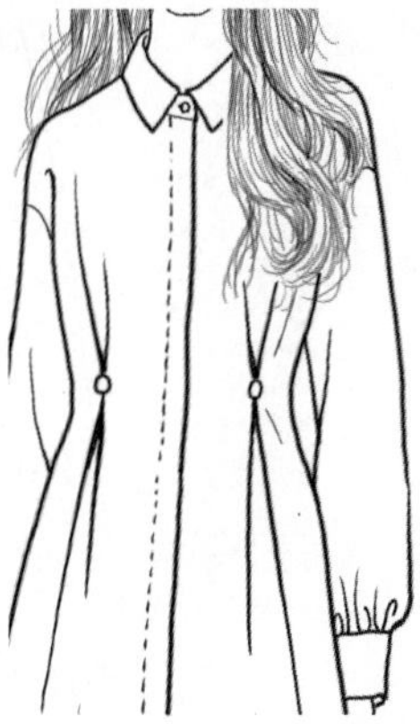

不同的收腰

薄料飘动

棉质下垂

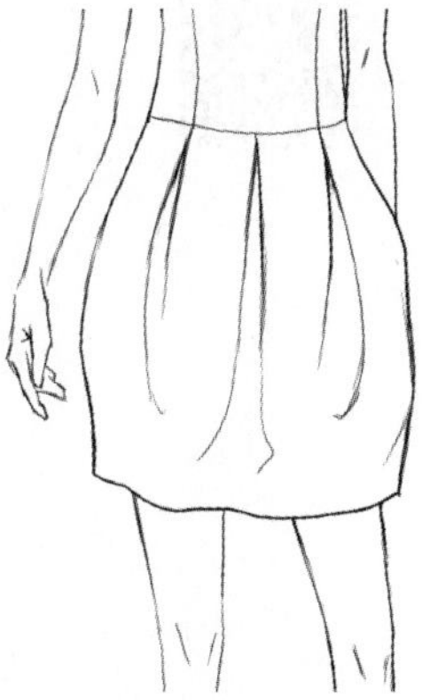

不同工艺的下摆

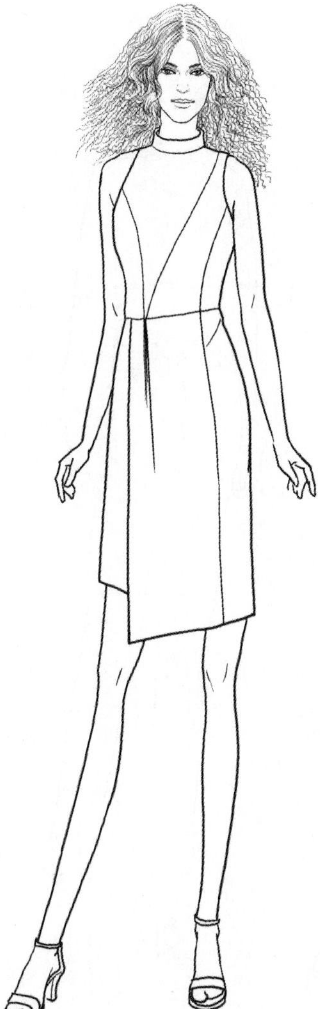

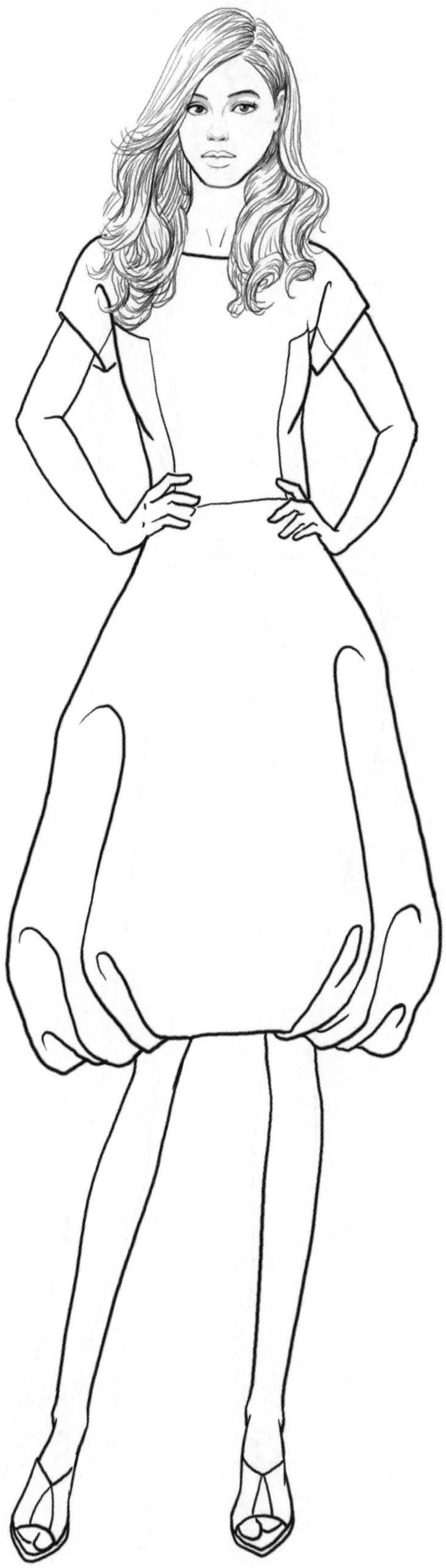

三、卫衣的画法

扫码看视频

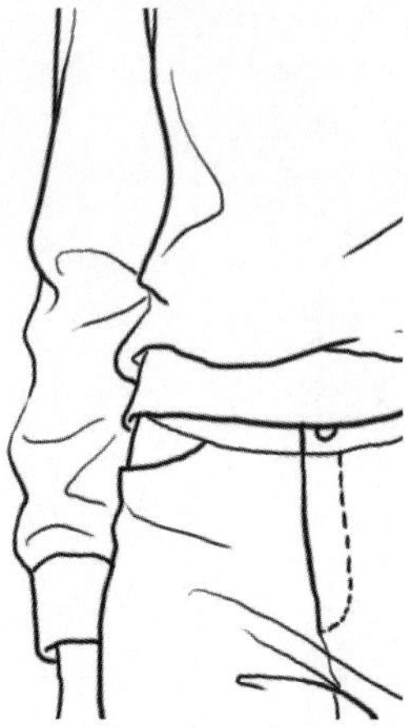

卫衣面料褶皱线圆润

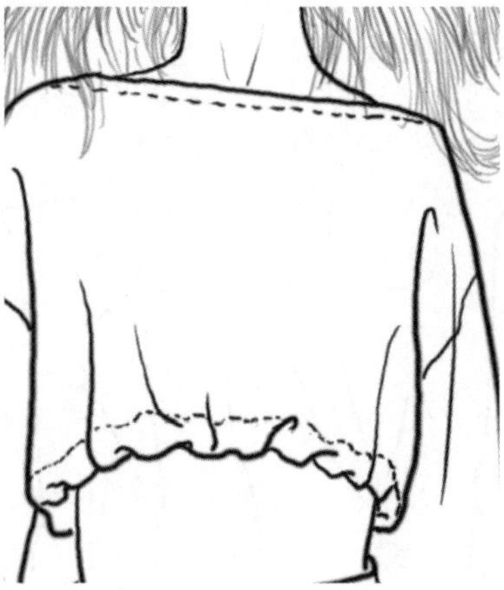

褶皱线圆润

扫码看视频

四、外套的画法

1. 不同西装领的画法

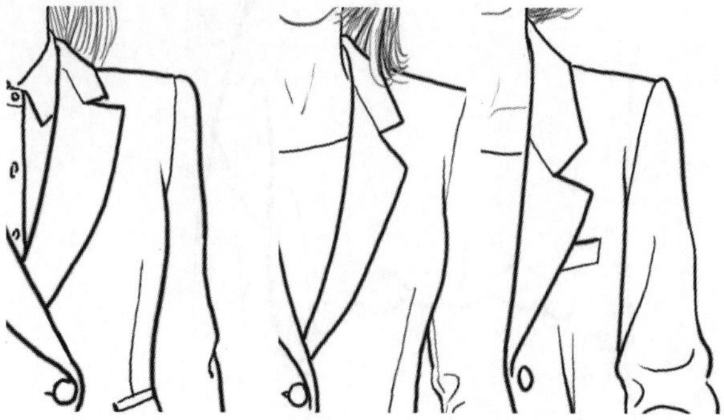

2. 不同下摆的画法

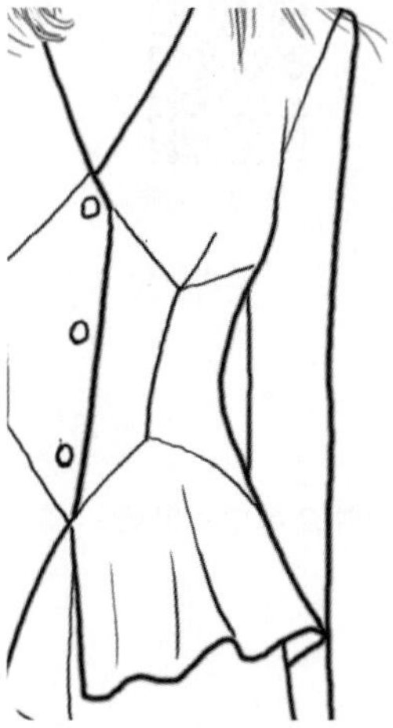

下摆宽松可体现收腰效果

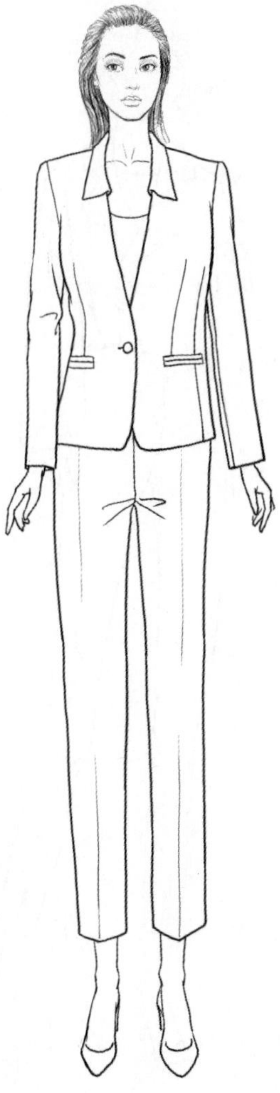

扫码看视频

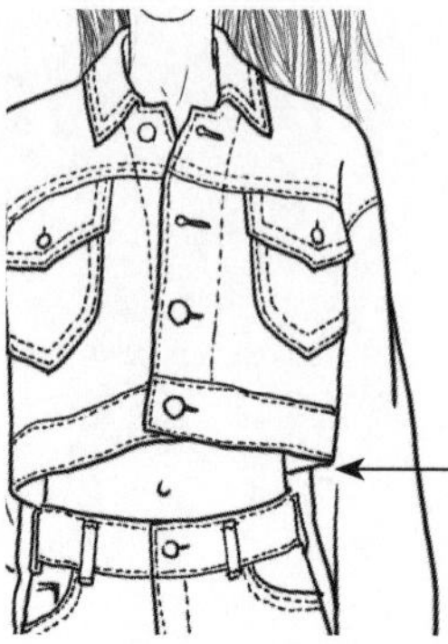

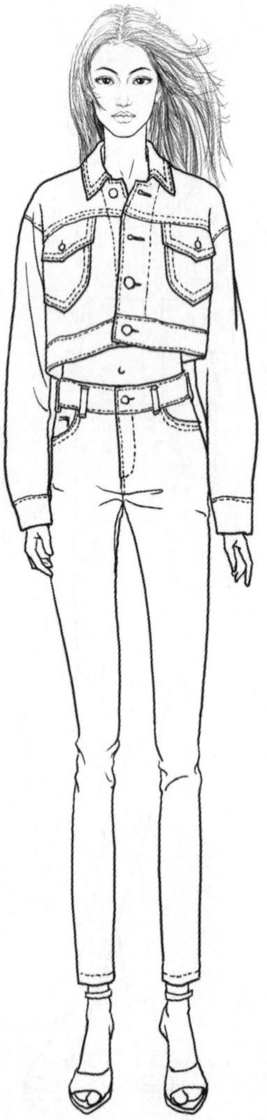

3. 不同袖长的画法

扫码看视频

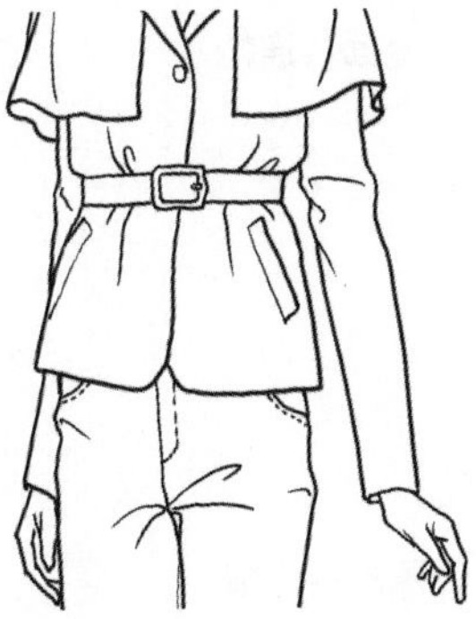

袖口在手腕处

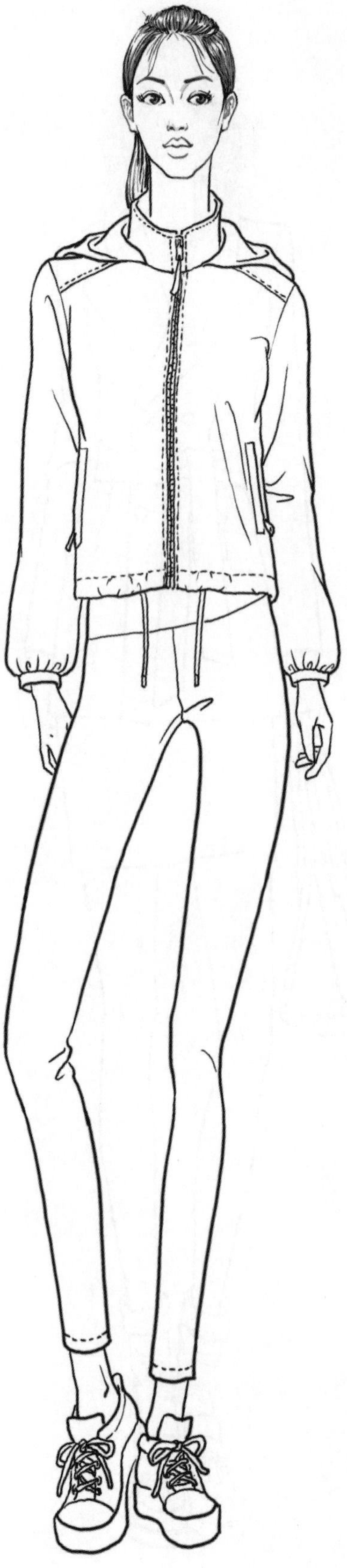

扫码看视频

4. 连帽的画法

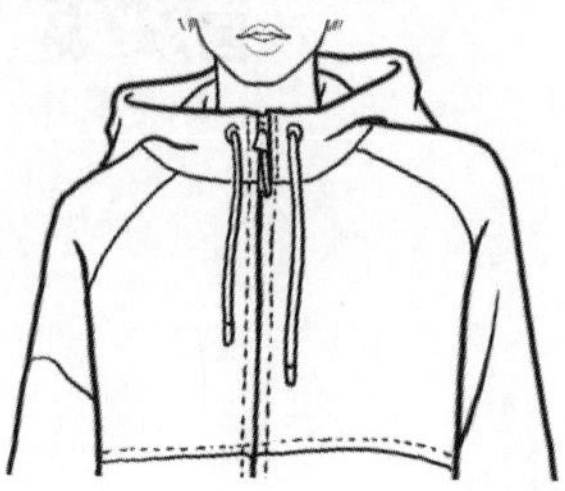

厚面料连帽

薄面料连帽

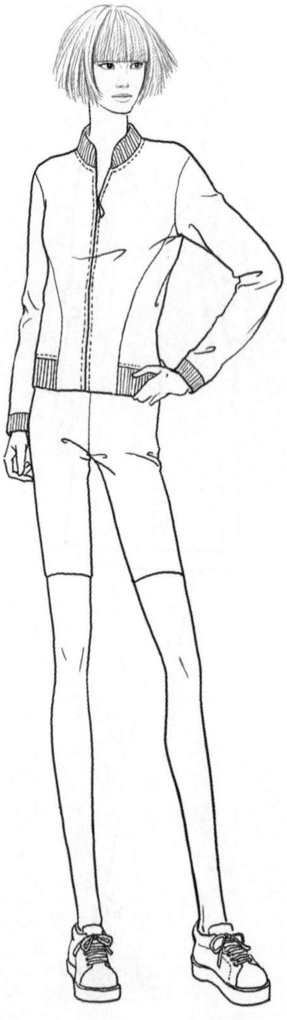

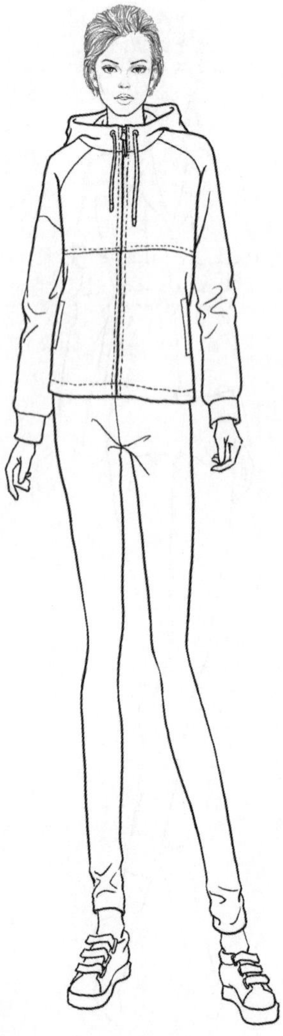

5. 宽松外套的画法

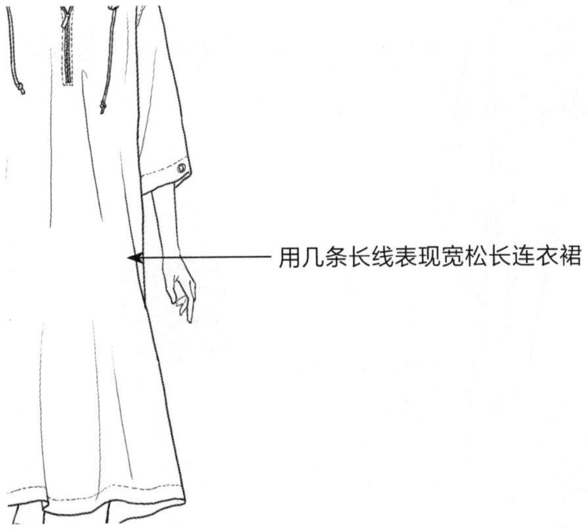

6. 斗篷的画法

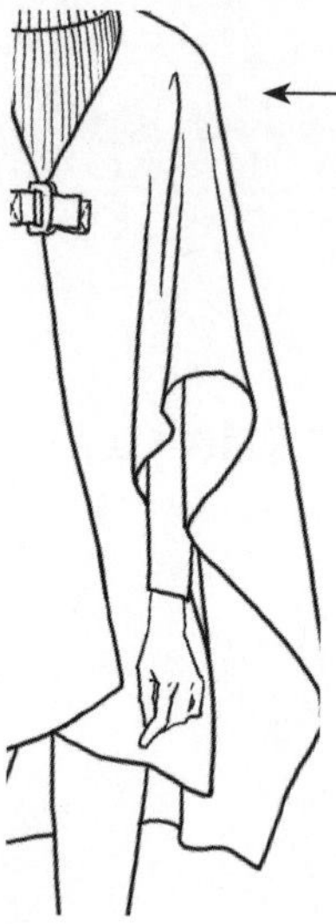

扫码看视频

7. 双排扣的画法

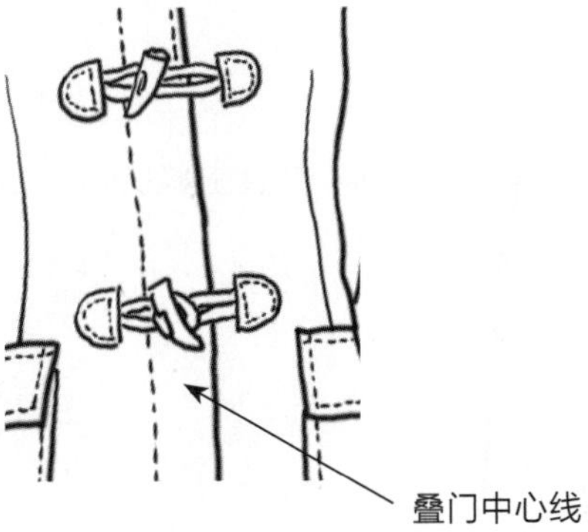

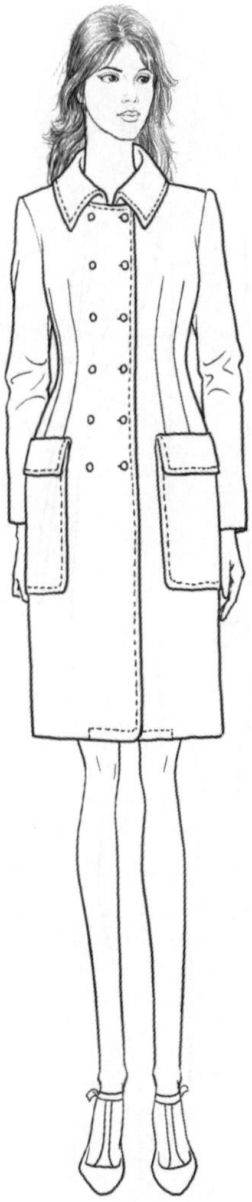

8. 立领的画法

9. 厚呢料的画法

扫码看视频

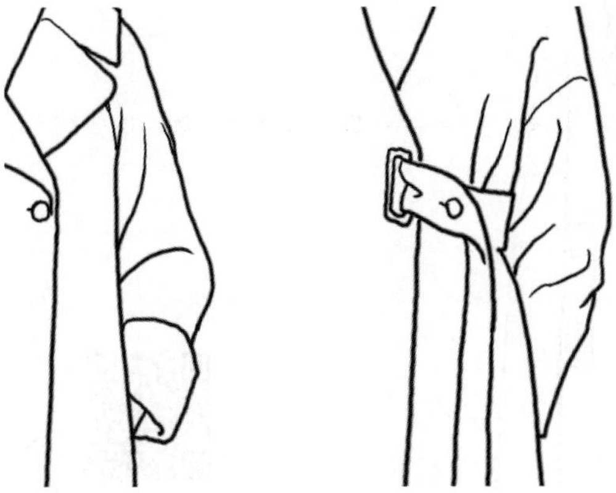

厚呢料的肘部褶皱线要少画

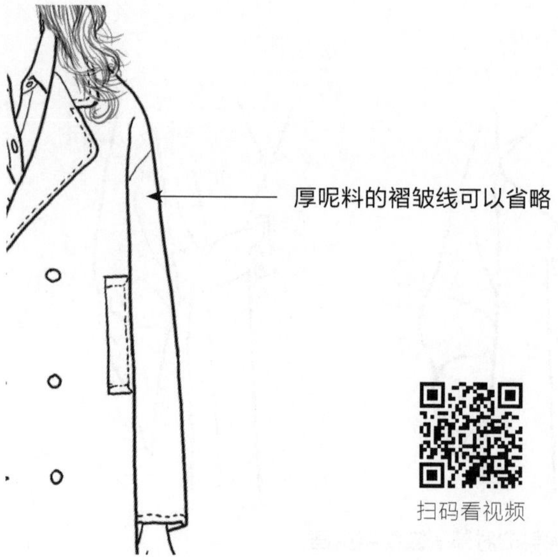

扫码看视频

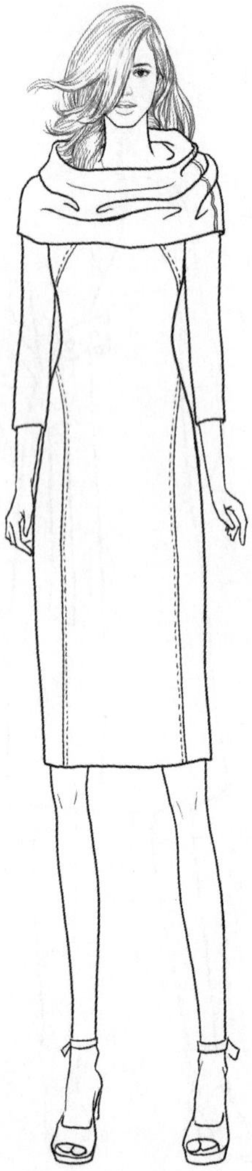

10. 棉服的画法

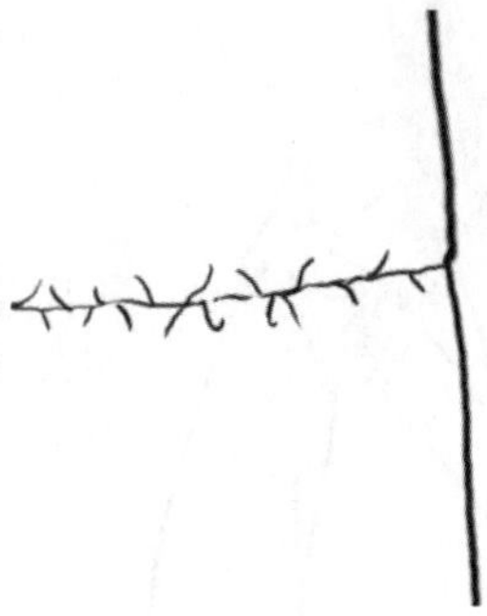

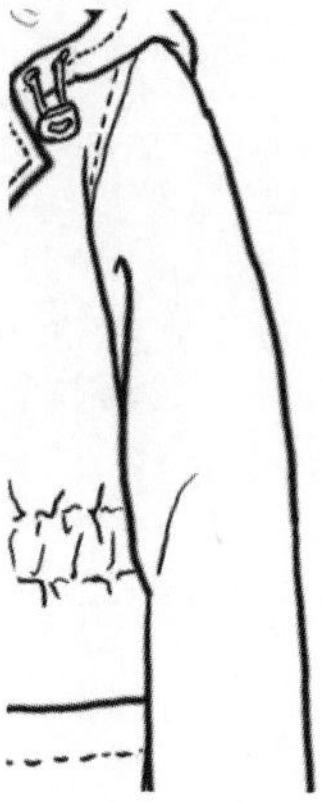

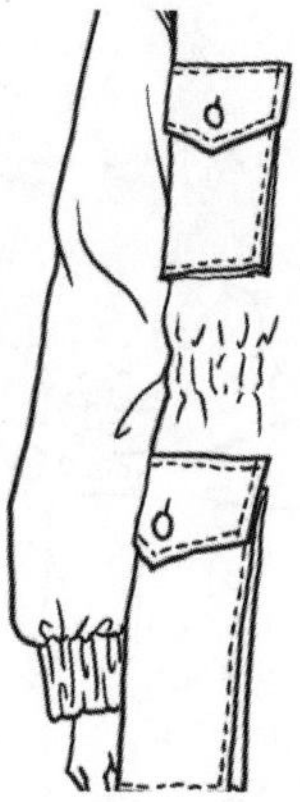

棉服的肘部褶皱线要少画

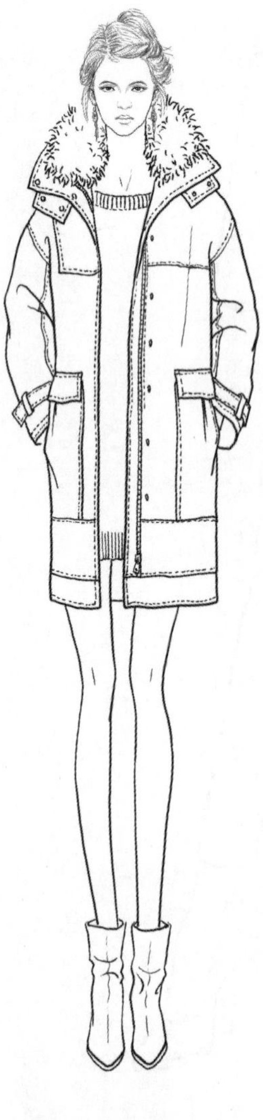

11. 羽绒服的画法

扫码看视频

羽绒服边缘要有明显鼓起的圆角

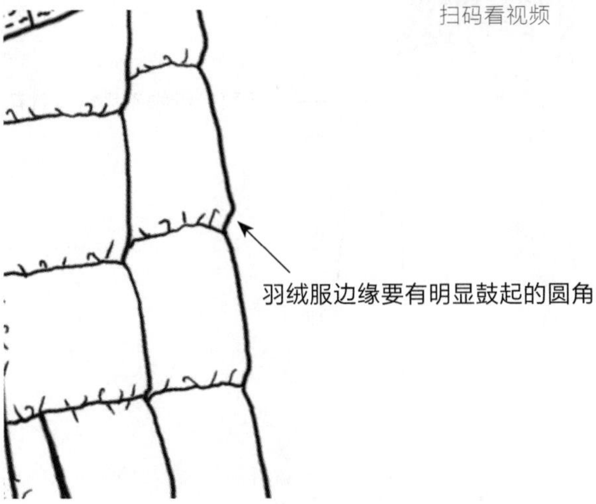

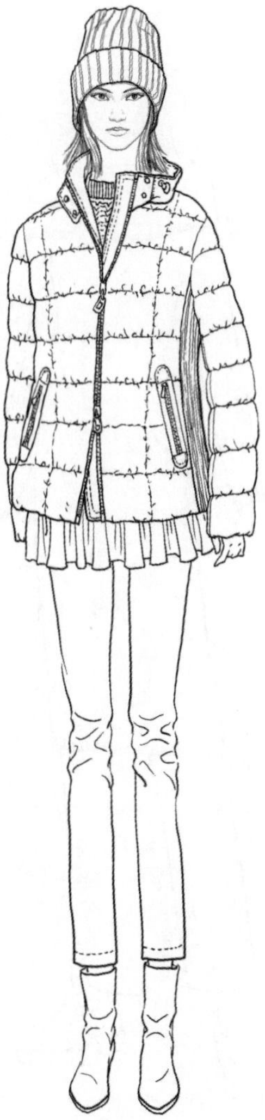

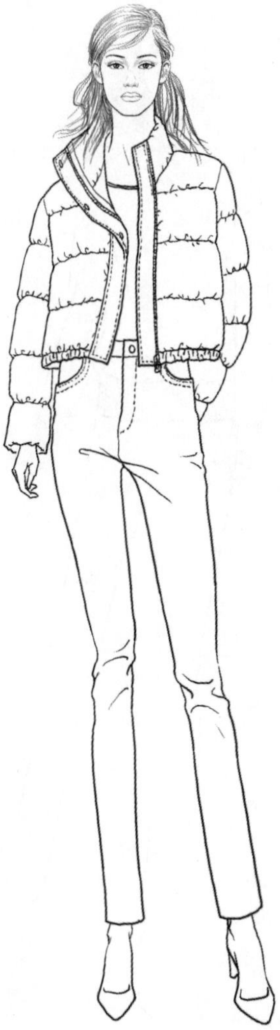

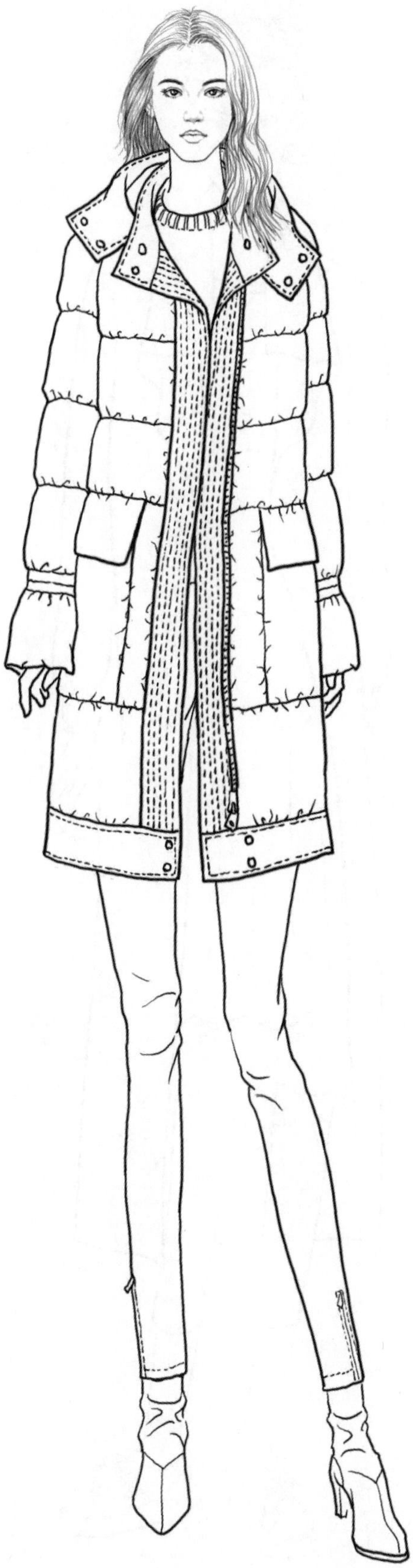

五、针织服装的画法

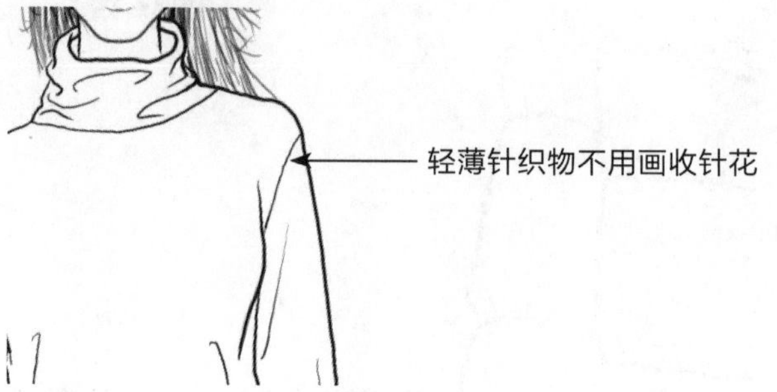

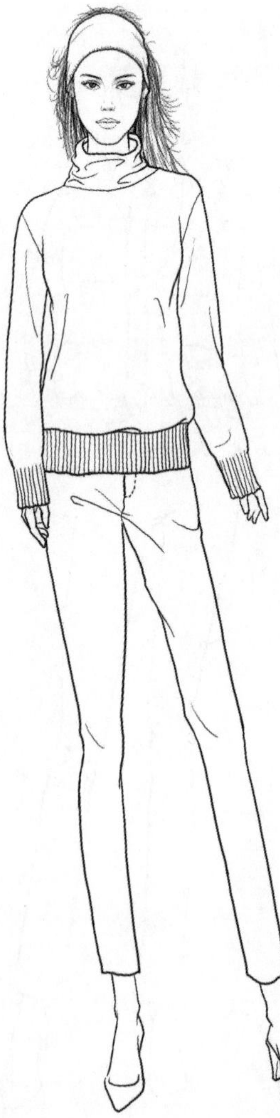

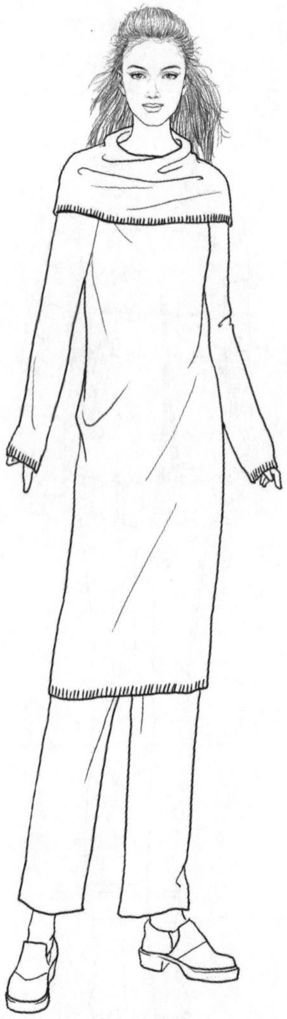

1. 收针花的画法

扫码看视频

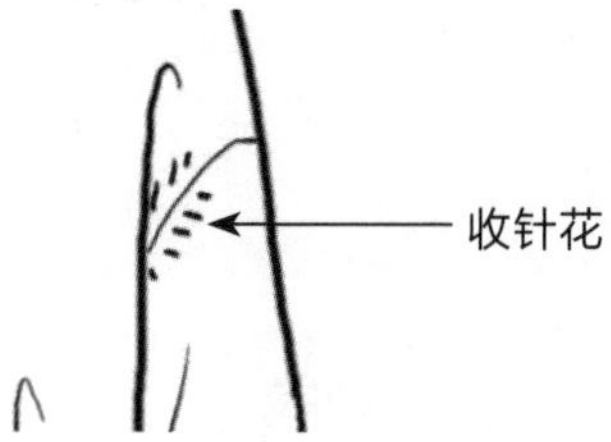

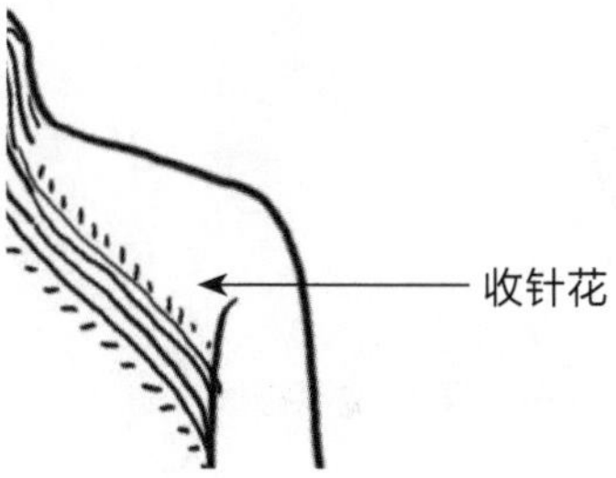

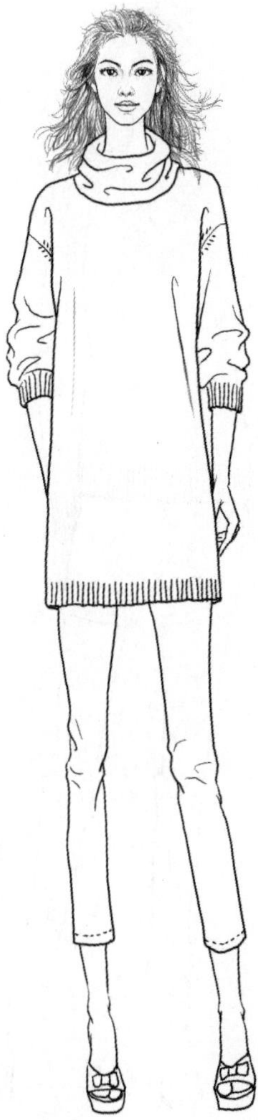

2. 领的画法

扫码看视频

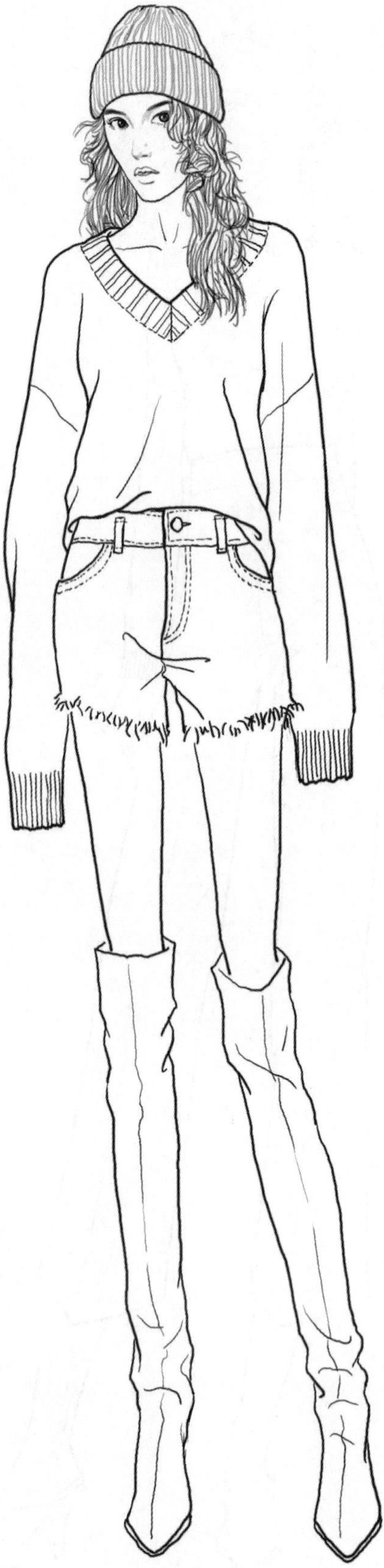

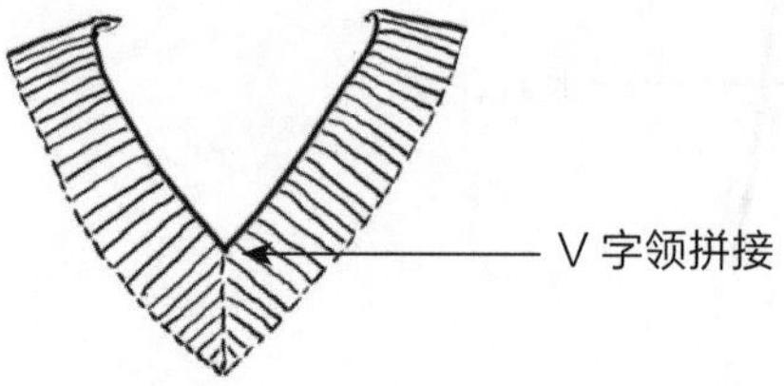

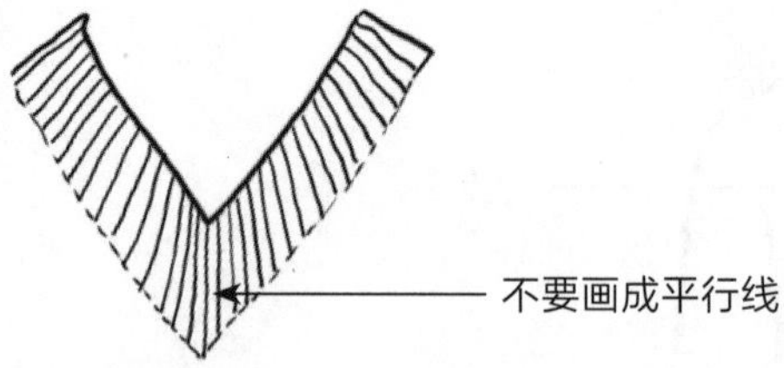

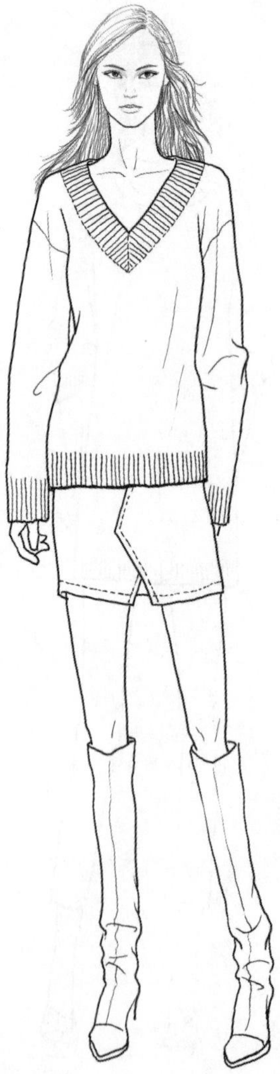

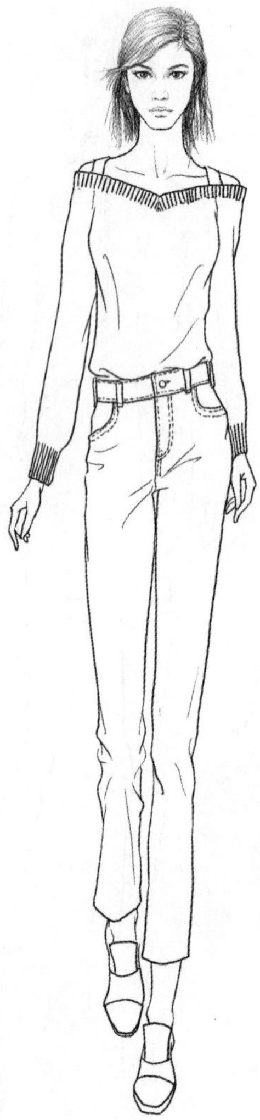

针织流苏需画打结效果

罗纹圆领呈均匀的伞状发射形态

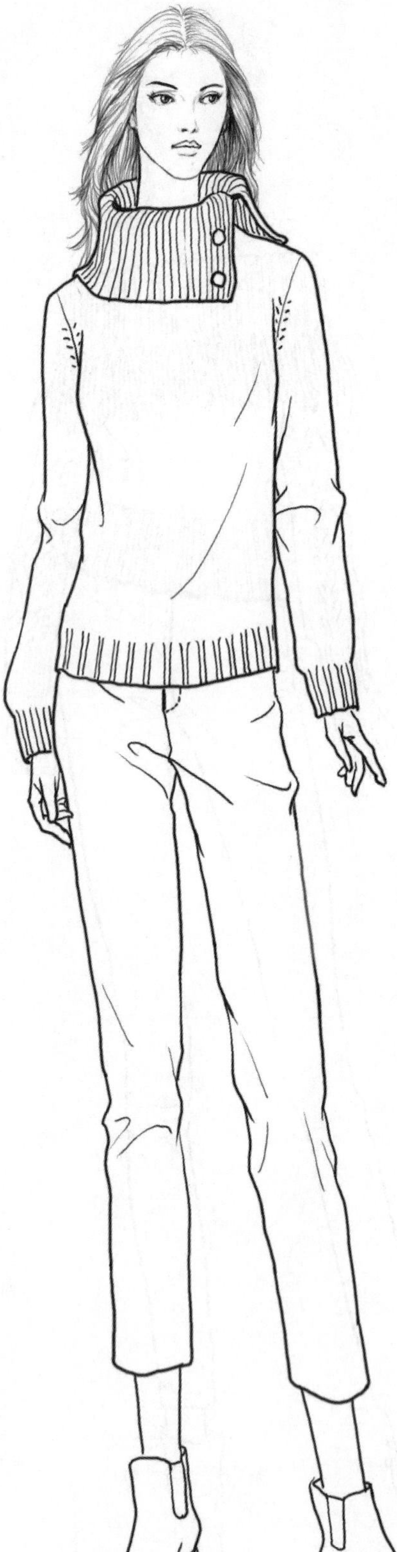

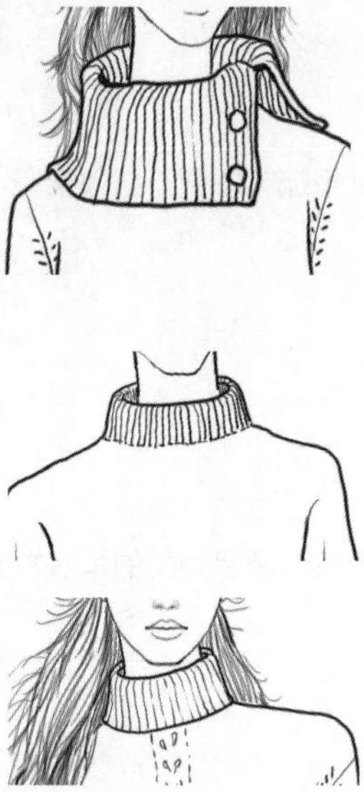

不同领高的画法

扫码看视频

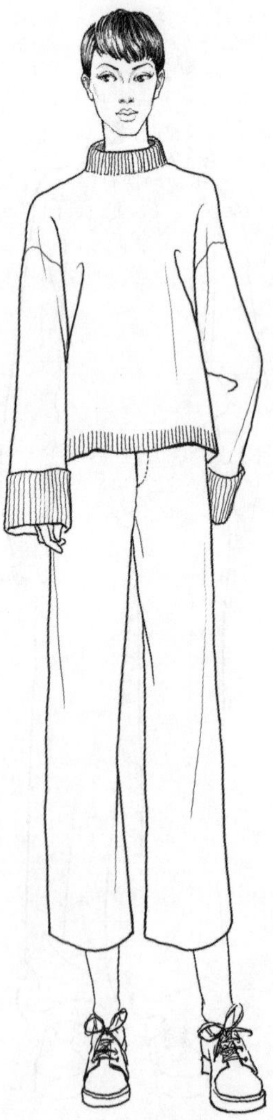

3. 罗纹的画法

扫码看视频

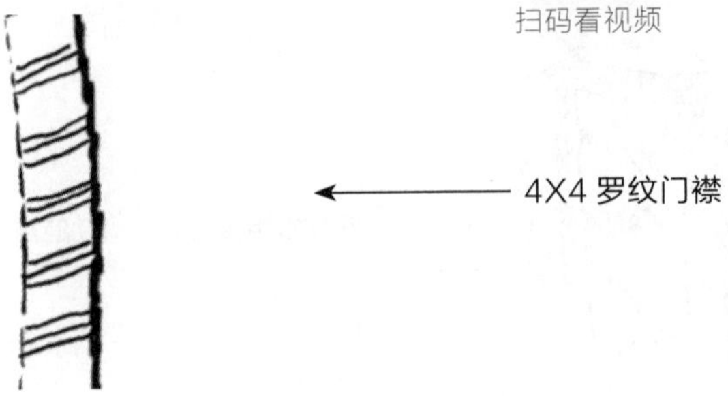

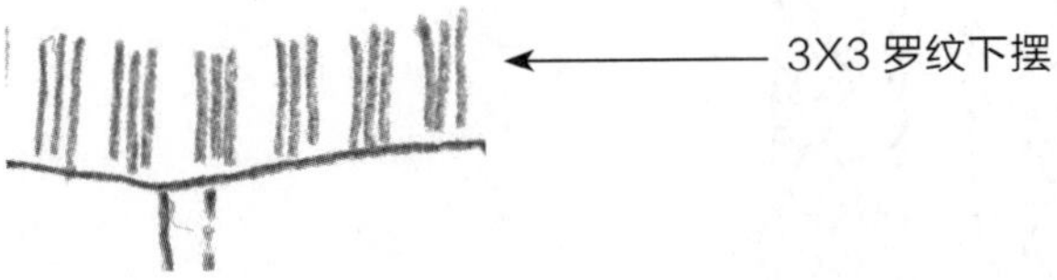

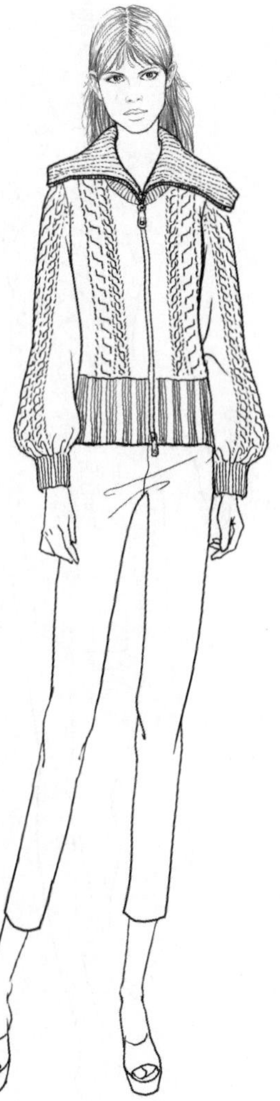

4. 提花针法的画法

扫码看视频

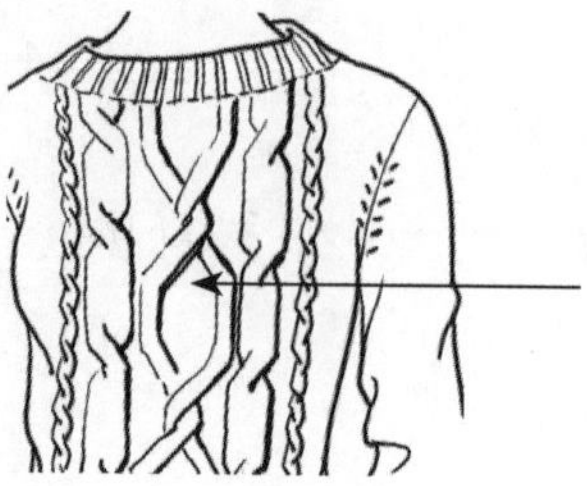

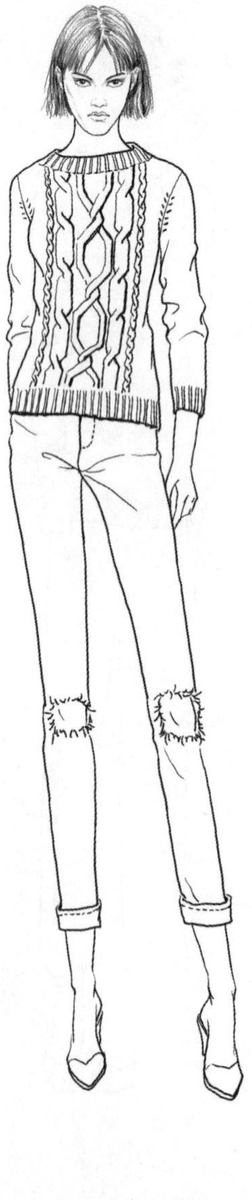

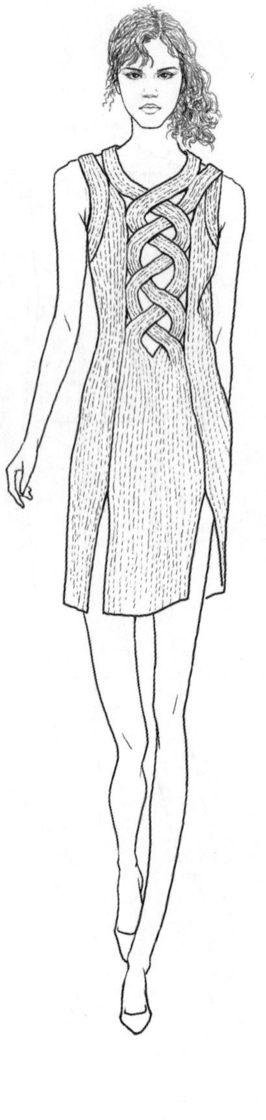

六、立裁服装的画法

扫码看视频

1. 叠压的画法

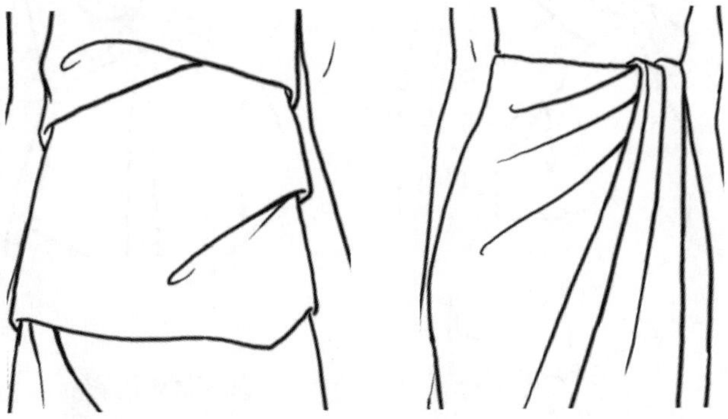

加深叠压的阴影以产生立体感

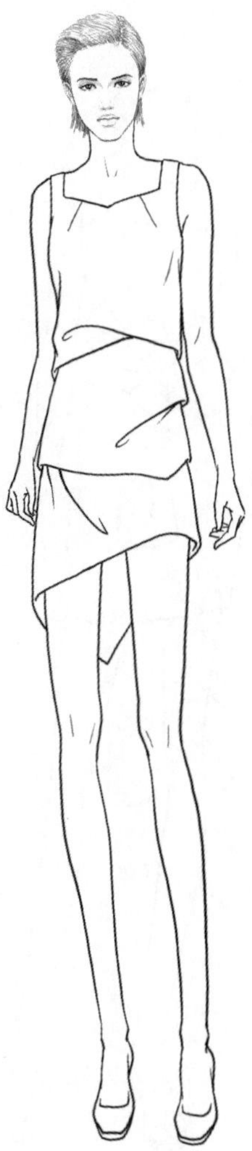

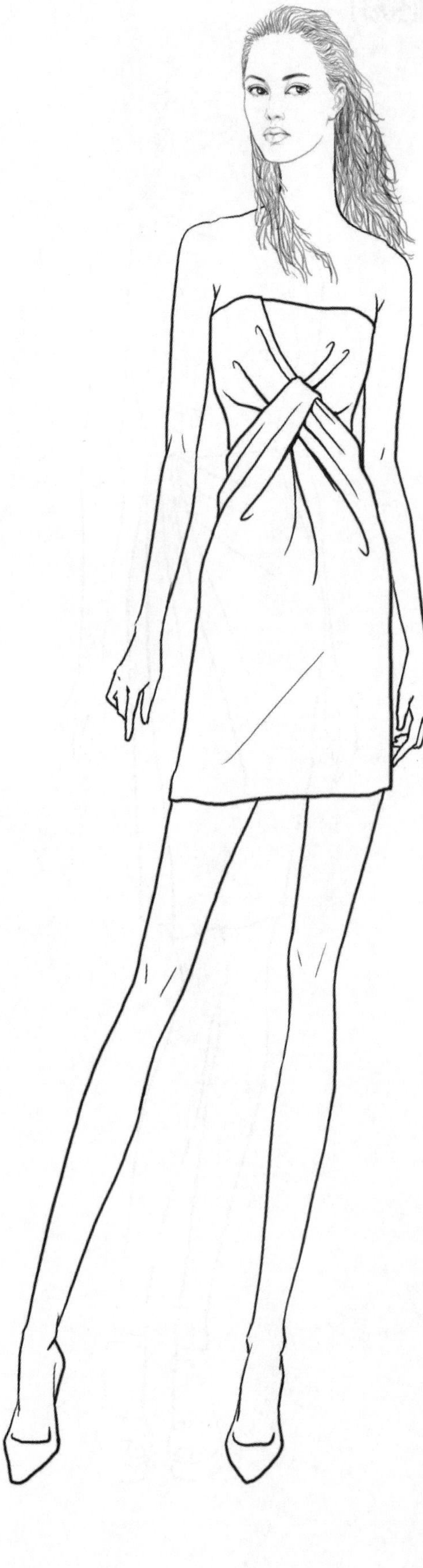

2. 缠绕褶的画法

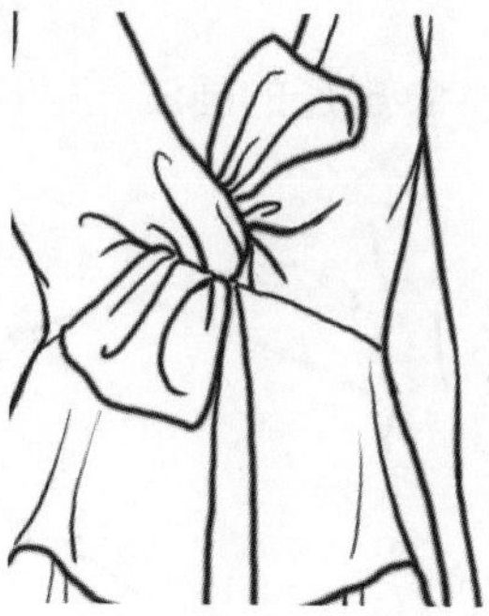

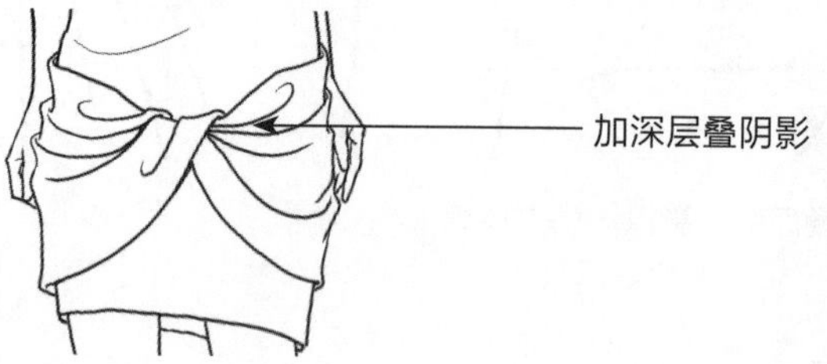

3. 缠绕褶的画法

扫码看视频

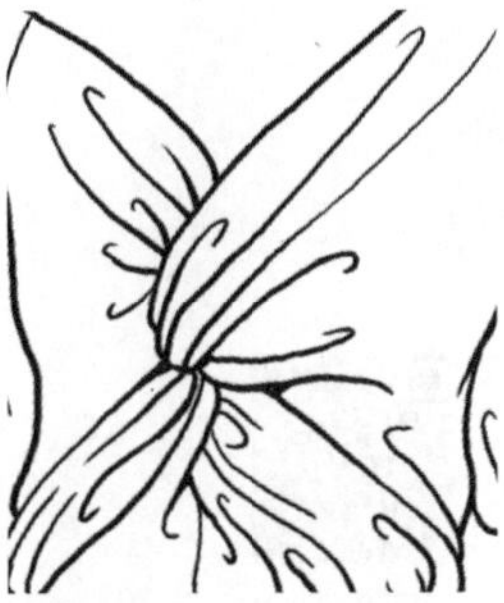

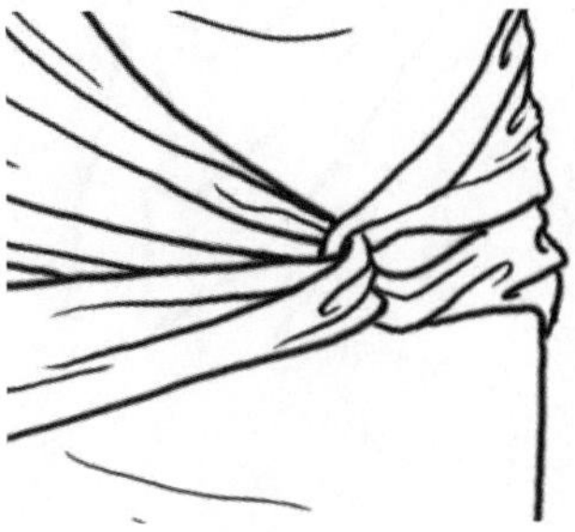

轻薄面料缠绕细褶多

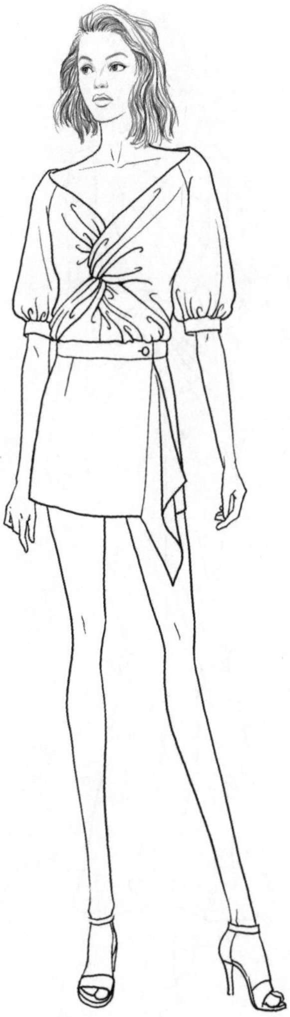

4. 垂褶的画法

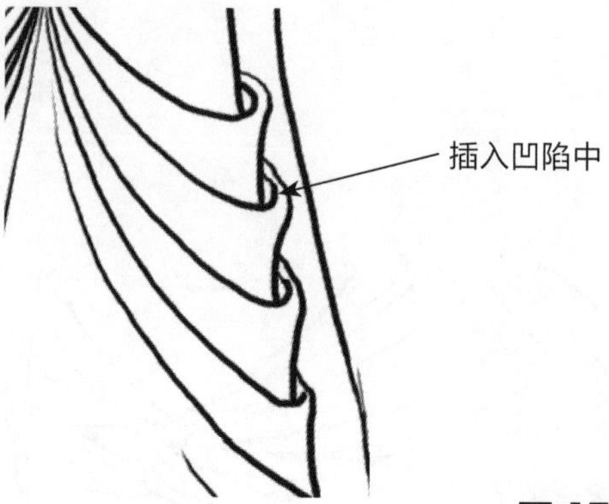

扫码看视频

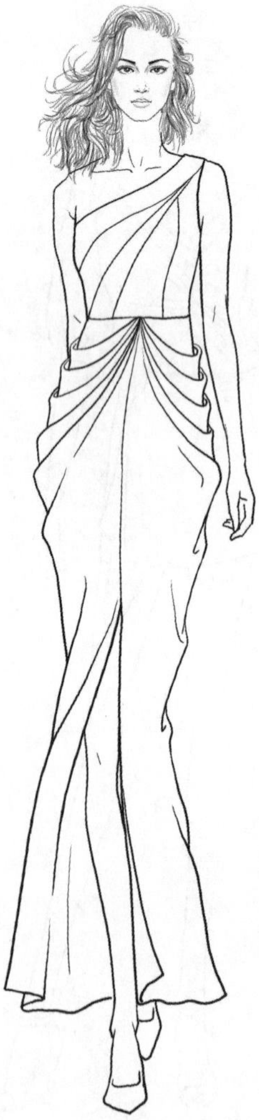

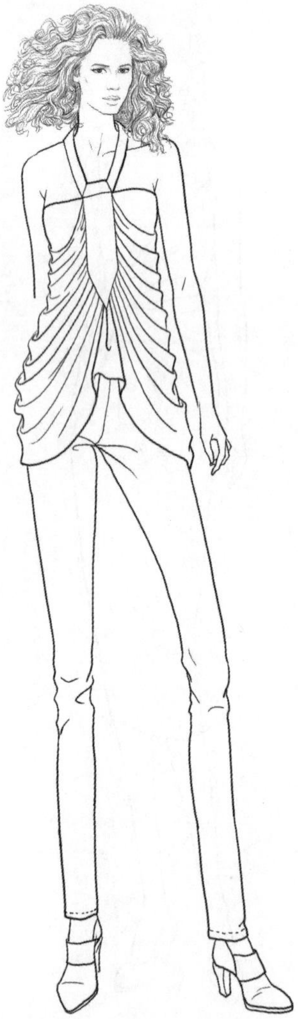

5. 折叠的画法

扫码看视频

直线折叠，褶皱排列后呈悬
垂状态，再以抽缩法表现

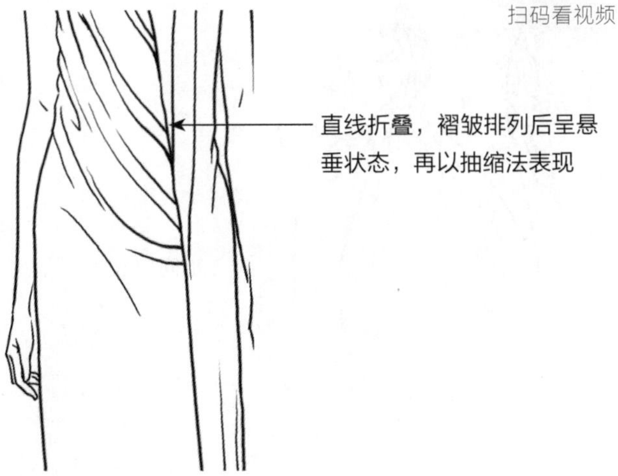

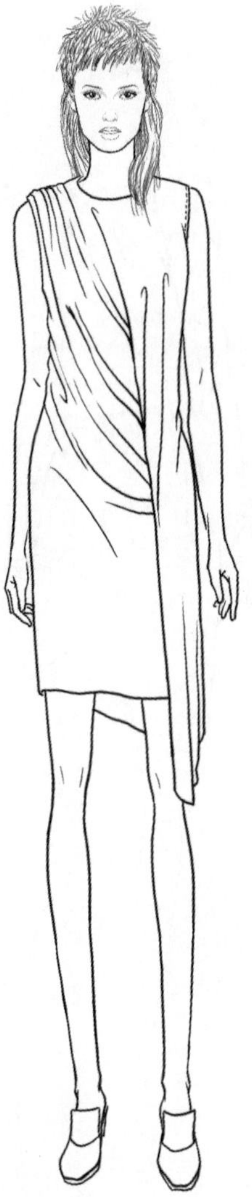

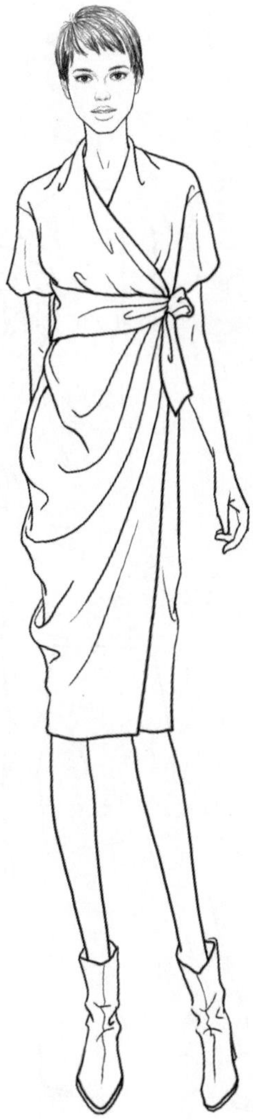

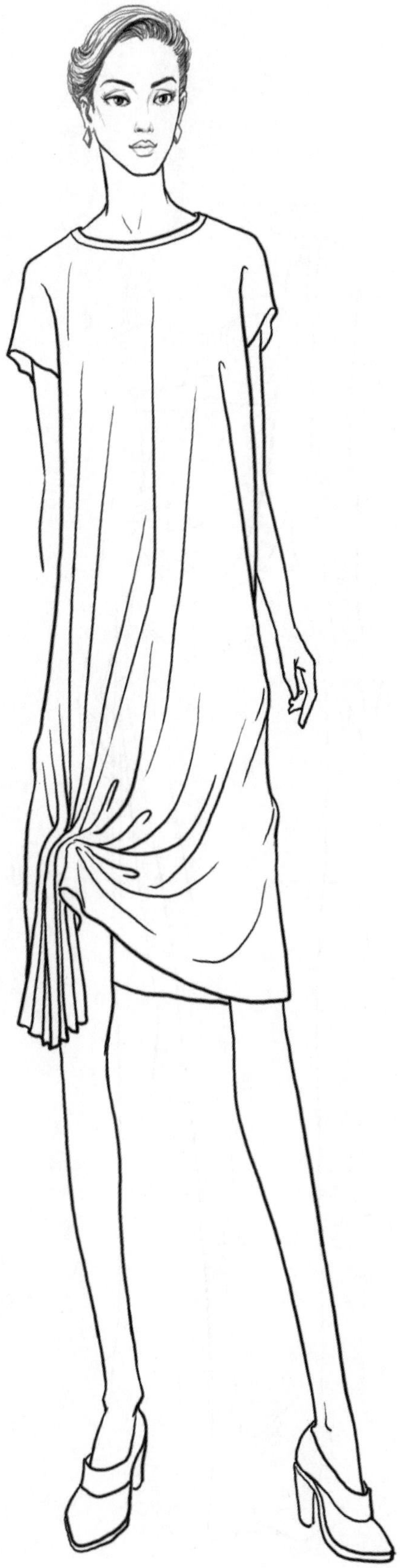

6. 抽缩的画法

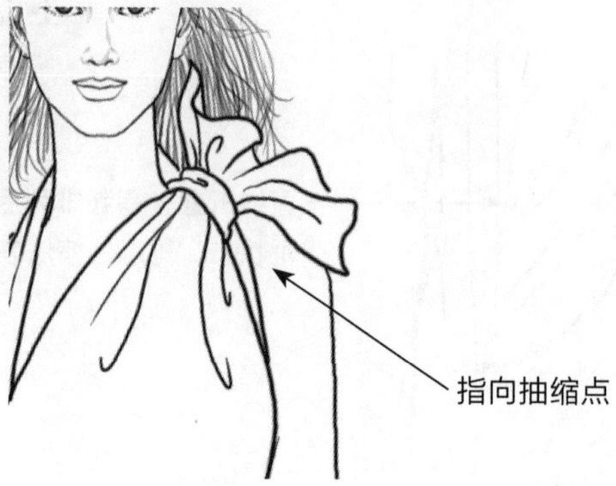

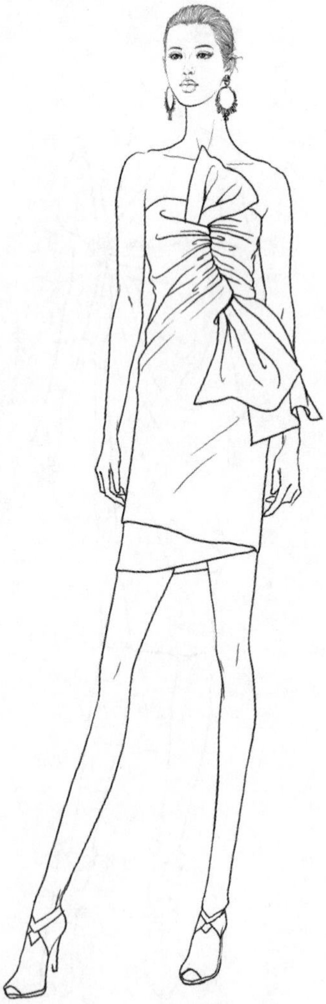

7. 堆积的画法

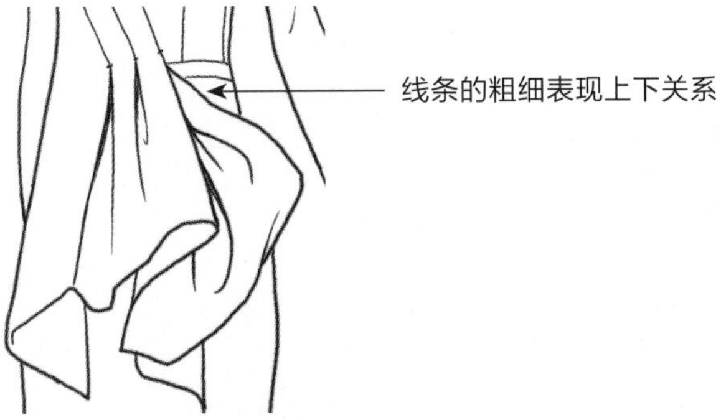

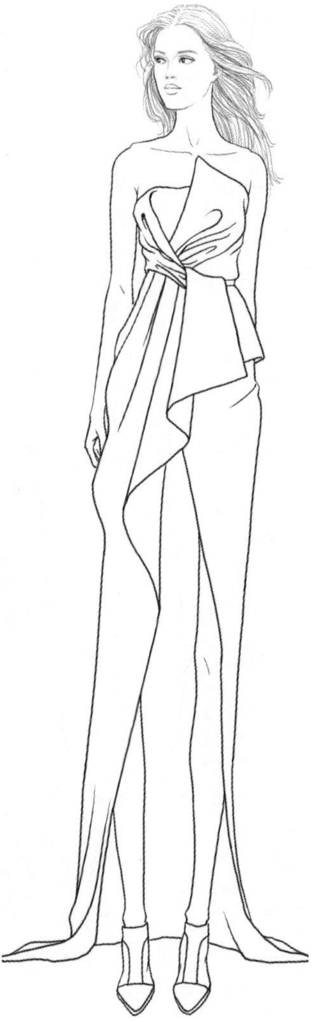

9. 立裁服装款式的画法

扫码看视频

七、礼服的画法

扫码看视频

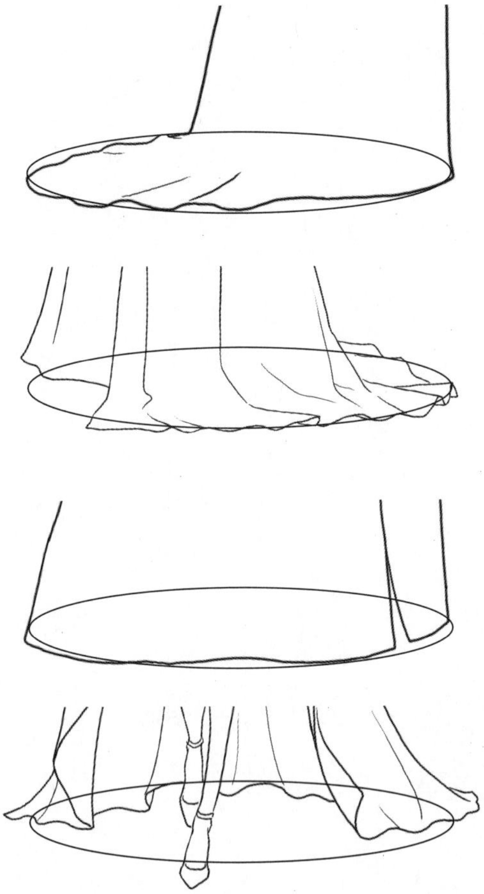

拖地大裙摆呈扁平的椭圆形

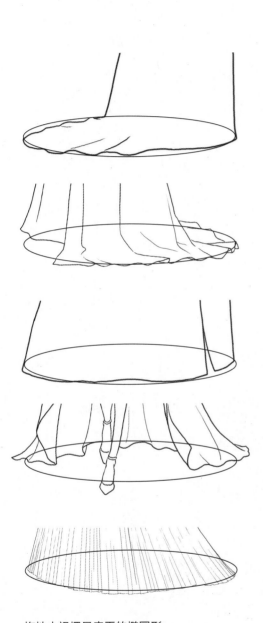

第六章

材质与服饰品的画法

一、蕾丝、网纱的画法

扫码看视频

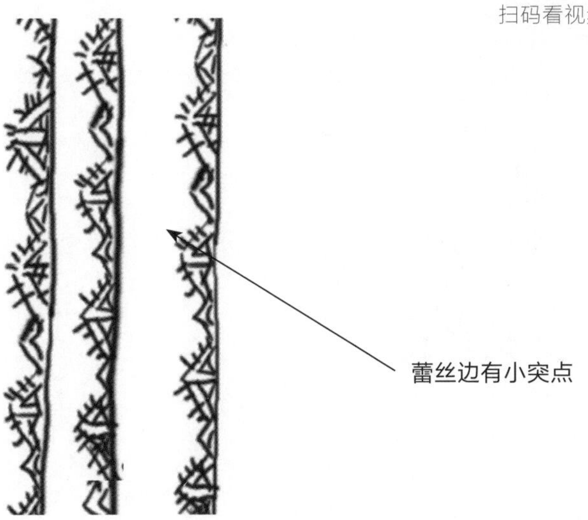

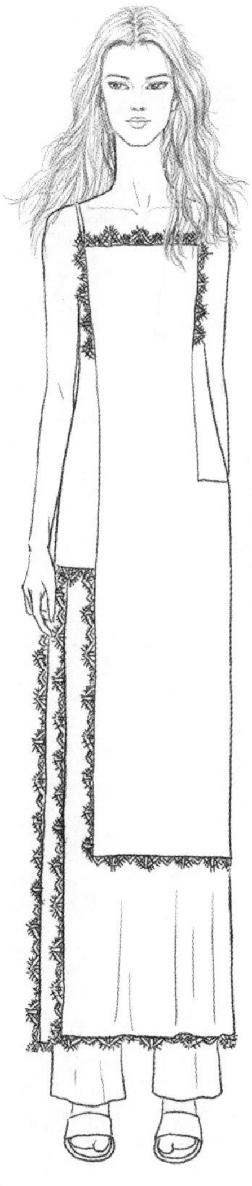

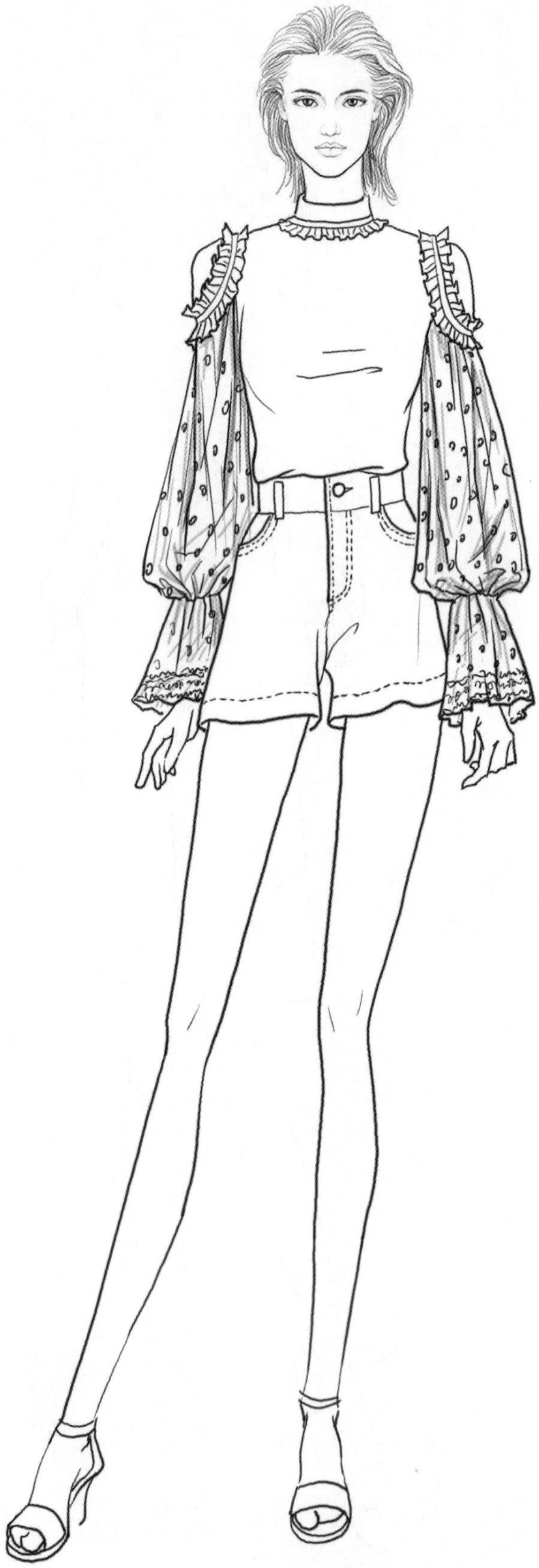

手臂外的黑色网纱加深

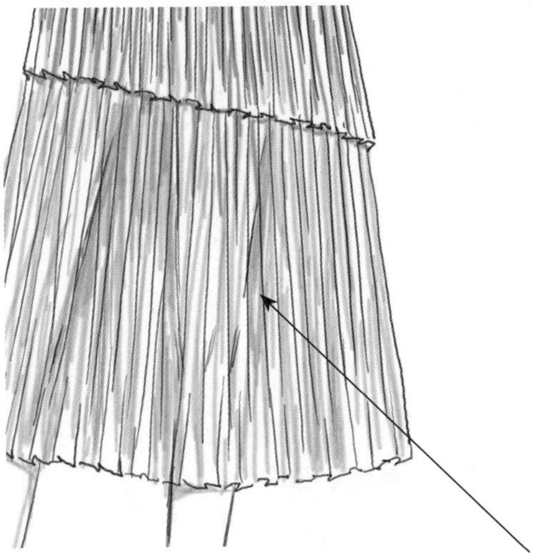

画透明黑色网纱时，加深腿部以外的褶皱

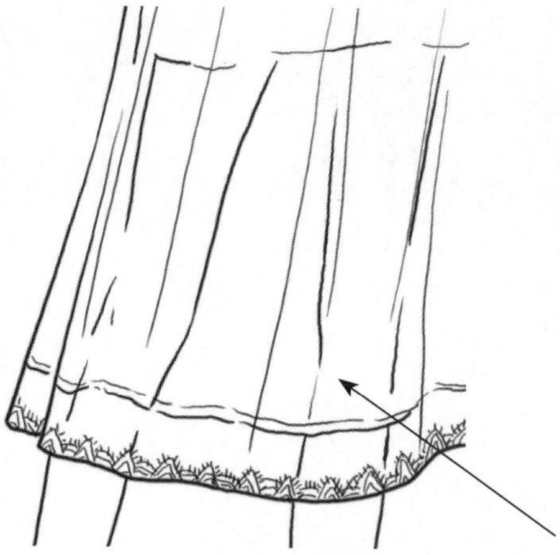

画浅色透明材质时，断断续续画出腿部

二、皮草的画法

扫码看视频

滩羊毛的画法

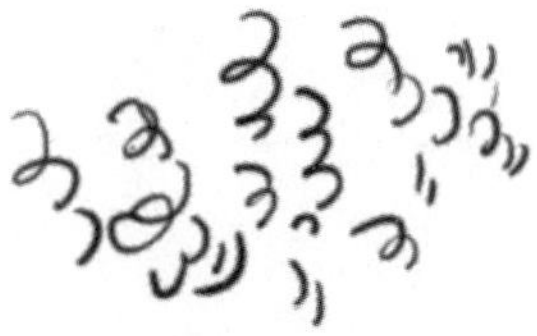

绵羊毛的画法

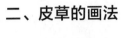

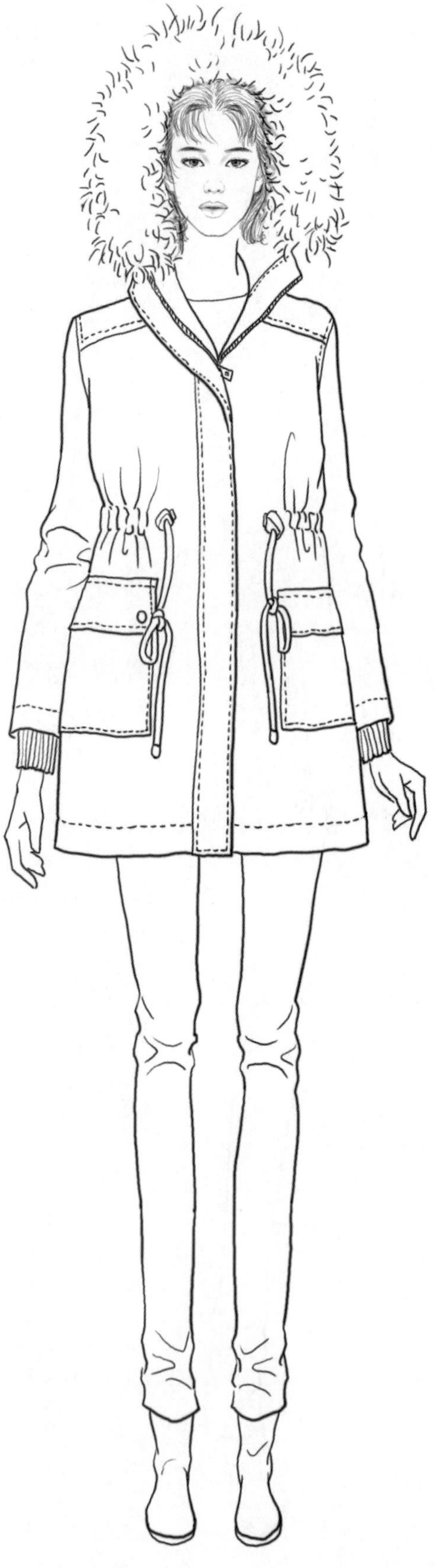

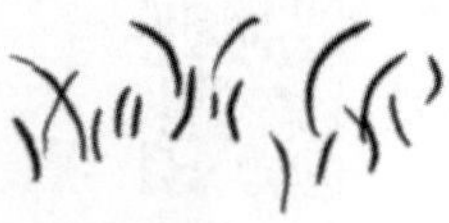

貉子毛飘逸

狐狸毛细密柔顺

阴影处线条加密

阴影处线条加密

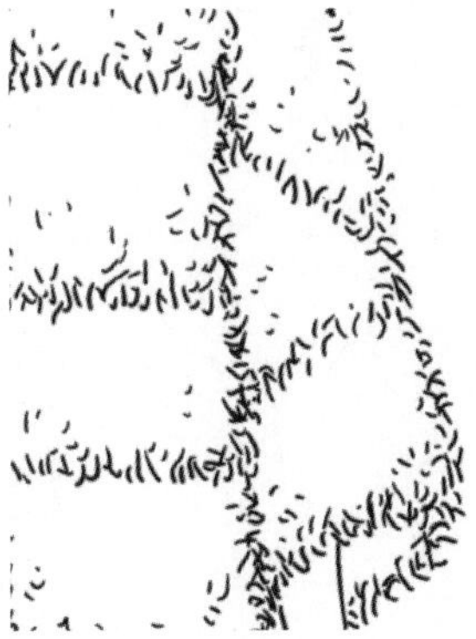

獭兔毛厚密且较粗

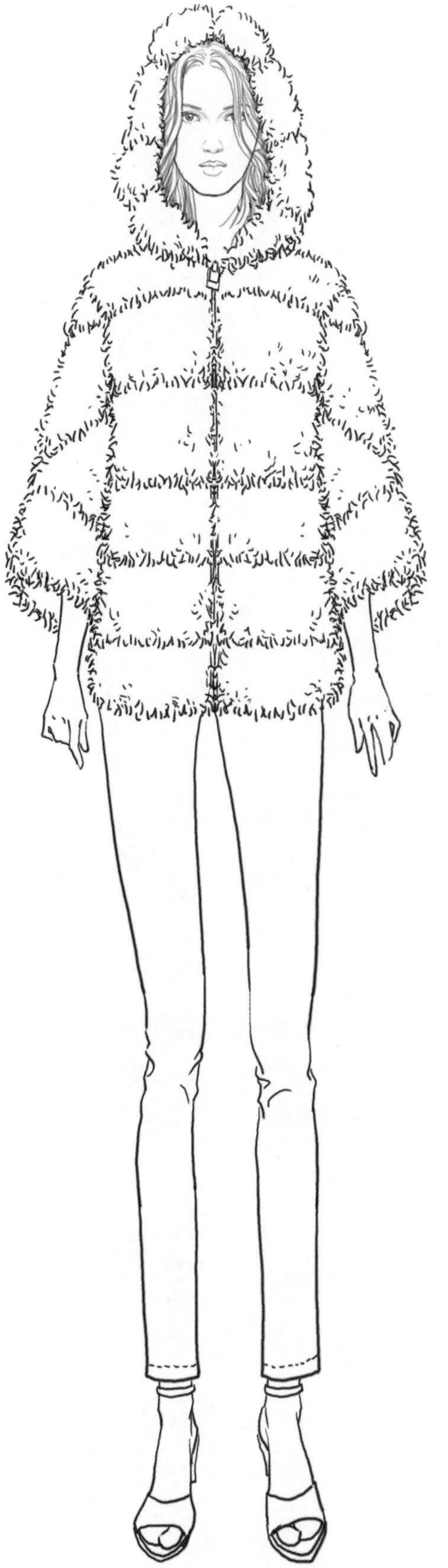

三、帽子的画法

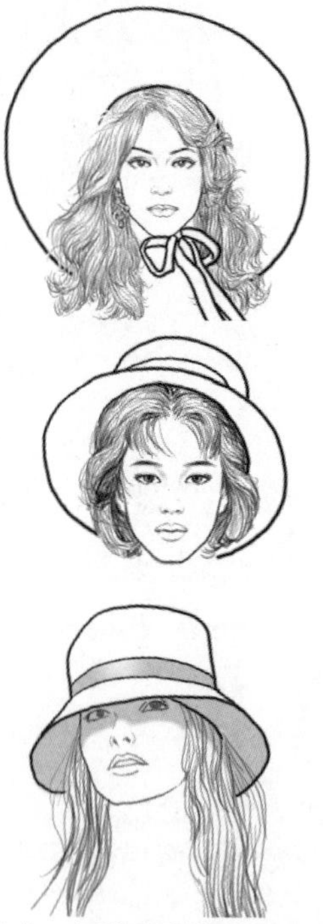

头抬得越高，帽檐内侧部分要画得越多

头越向下低，帽檐外侧部分要画得越多

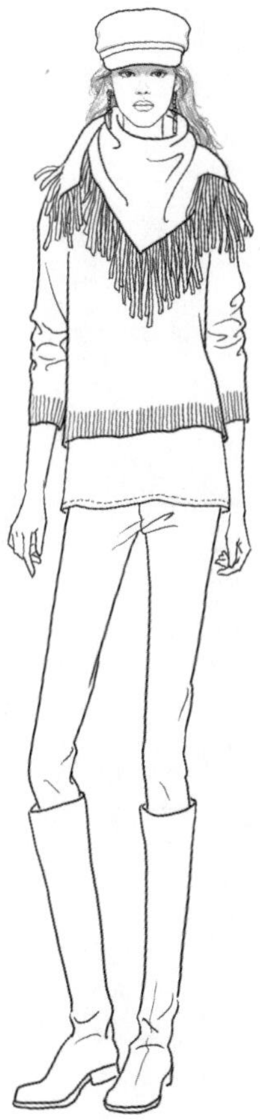

四、围巾的画法

流苏要左右摆动和叠压

五、包袋的画法

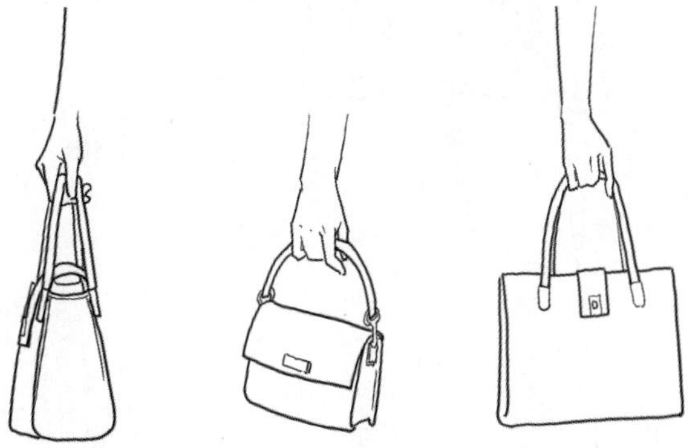

手背侧面时，包也侧面；手背正面时，包也正面